# 原位表征原理及电化学应用

郭　洪　刘婷婷　杨晓飞　著

科学出版社

北京

# 内 容 简 介

本书全面系统地介绍常用于电化学研究领域的原位表征技术，对各类原位表征技术及其应用示例展开详细的叙述，主要内容包括：原位表征技术在电化学中的发展现状综述、原位 X 射线衍射技术及其在电化学测试中的应用、原位傅里叶变换红外光谱仪及其在电化学中的应用、原位拉曼光谱仪及其在电化学中的应用、原位质谱分析技术及其在电化学中的应用、原位电子自旋共振技术及其在电化学中的应用、原位透射电子显微镜技术在电化学中的应用。由基本概念至实际应用案例，本书深入浅出解析各种原位表征技术在电化学领域的应用场景。

本书可作为高等院校新能源等专业的本科生，以及电化学方向的硕士研究生、博士研究生的参考用书，同时可供从事原位表征技术相关研究的科技工作者阅读参考。

**图书在版编目（CIP）数据**

原位表征原理及电化学应用 / 郭洪，刘婷婷，杨晓飞著. —北京：科学出版社，2024.4（2025.1 重印）

ISBN 978-7-03-075155-3

Ⅰ. ①原…　Ⅱ. ①郭…　②刘…　③杨…　Ⅲ. ①电化学　Ⅳ. ①O646

中国国家版本馆 CIP 数据核字（2023）第 044919 号

责任编辑：叶苏苏　高　微 / 责任校对：杨　赛
责任印制：罗　科 / 封面设计：义和文创

科 学 出 版 社 出版
北京东黄城根北街 16 号
邮政编码：100717
http://www.sciencep.com
成都蜀印鸿和科技有限公司印刷
科学出版社发行　各地新华书店经销
*
2024 年 4 月第 一 版　开本：787×1092　1/16
2025 年 1 月第二次印刷　印张：10
字数：243 000
定价：129.00 元
（如有印装质量问题，我社负责调换）

# 前　言

在原子与分子水平上研究电化学催化剂的表面结构与电催化反应中的表面过程，有助于理解催化活性位点的作用机理，从而促进电化学中电催化剂的实际应用。因此，发展电化学体系的原位、实时、高时空分辨的表征技术对电化学领域的发展具有重要意义。

电极材料的电化学性能不仅与材料的初始结构有关，还与电化学过程中结构稳定性和结构演变有关。电化学原位表征技术中，"原位"是指对电池进行现场监控，而无须拆解电池和对产物进行后处理。与传统非原位表征技术相比，原位观测是在操作条件下进行的，避免了表征过程中拆解电池、清洗极片，以及材料转移过程中造成的氧化和充放电产物损失，可以直接观察化学过程和结构演变。近年来，各种原位技术都得到了飞速发展，并被广泛应用到各类储能系统的机理研究，受到国内外同行的广泛关注。毋庸置疑，电化学领域的研究已经逐渐开始走出抽象，进入具象化阶段，相信在未来的几十年里，基于电极材料的一系列成熟研究机理会陆续走进人们的视野，原位表征技术将发挥越来越重要的作用。

尽管原位表征技术的研究获得了快速发展，但是目前在国内乃至国际上都没有一本书系统地介绍应用于电化学领域的多种原位表征技术，这对未来想从事这方面研究的人员而言，无法很好地在电化学的研究中联用多种原位表征技术，从而会对他们的研究造成一定困难。基于此，我们将目前常规应用于电化学中的表征技术的研究进展和成果以书的形式展现出来。本书详尽地介绍各类原位表征技术的使用方法、原位配件工艺和应用案例，并且系统性地总结和归纳 X 射线原位技术、原位光谱学及原位电子显微学等的研究和发展历程，很好地概括过去几年以来原位表征技术在电化学发展中的知识积淀和重要技术进展。

本书既注重理论方面基本概念和机理的解释，又注重配件使用方面及原位样品制备流程与技术的阐述。除此以外，作为长期在电化学领域从事一线科研的人员，著者还结合原位表征技术案例的研究经验和体会，以及在各研究方向的最新研究进展，阐述原位表征技术在电化学领域的研究机遇与前景。对本领域的研究者、工程技术人员及相关科技项目管理者，特别是对有志于进入电化学领域的研究生，本书都是一本很好的参考书。

本书的研究成果得到了国家自然科学基金委员会、云南大学双一流建设项目、云南省先进能源材料国际联合研究中心及全固态离子电池绿色能源重点实验室的资助。本书的出版也得到了多位前辈和同行专家的指导、支持和鼓励，在此表示衷心的感谢。

本书由郭洪教授及其团队所撰写。全书由郭洪审阅、修改和统稿，刘婷婷、杨晓飞校对和整理。此外，王诗敏、安琪、王晗、梅至远、付尧、蒋静雯、王利莲、邹肖肖等也参与了本书的校对和资料整理等方面的工作，在此一并向他们的辛勤付出表示感谢。

　　我和本书的所有撰写者共同期待本书能使这一领域的读者在知识深度和广度上达到一个新的高度，同时希望所有阅读本书的读者可以从中获得启发，为新时代推动我国电化学领域的发展做出贡献。

　　需要指出的是，尽管本书内容历经多次讨论、修改和校对，由于作者水平有限，书中难免存在不足，敬请广大读者批评指正。

作　者

2023 年 8 月

# 目　　录

# 第 1 章　原位表征技术的发展现状

电催化剂的电化学性能与电子及离子在体相与界面的输运、反应、储存行为有关。从原子尺度到宏观尺度，对电极材料在平衡态与非平衡态过程的电子结构、晶体结构、微观形貌、化学组成、物理性质的演化研究，对理解电催化剂在电化学反应中各类构效关系至关重要，这需要综合多种原位与非原位表征技术。常规的电化学研究方法是以电信号为激励和检测手段，得到的是电化学体系的各种微观信息的总和，难以直观、准确地反映出电极/溶液界面的各种反应过程、物种浓度、形态的变化，这给正确解释和表述电化学反应机理带来很大的问题[1]。目前，原位表征技术基础研究处于前沿的发达国家在这些方面取得了卓有成效的进展。2000 年 8 月在西班牙举行的第 12 届国际催化会议上，丹麦的亨里克·托普索（Henrik Topsøe）所做的"催化剂的原位表征"报告指出，如果有可能获取在反应器内的有关催化剂状态和催化过程的详细的原位信息，将会对催化剂的研究和开发具有极大的促进作用[2]。如今，催化剂反应器不再被视为"一个神秘的黑匣子"，因而有可能走出试错时代。由于动态结构变化，催化剂在反应中的状态肯定与不和反应物或产物接触时的状态大相径庭；另外，反应条件的细微变化可能引起结构的巨大变化；一个催化剂的结构也可能因在反应器中所处的不同位置而相应改变，这些都说明了原位研究的重要性。本书讨论一些最新的原位、在线表征技术，以解决催化剂研究中碰到的复杂问题[2]。例如，用原位傅里叶变换红外光谱（Fourier transform infrared spectroscopy，FTIR）研究可以阐明 V/TiO$_2$ 体系在消除 NO$_x$ 反应中的反应中间体和"旁观者"，而利用程序升温表面反应（temperature programmed surface reaction，TPSR）研究是很难实现的。用原位扩展 X 射线吸收精细结构（extended X-ray absorption fine structure，EXAFS）研究铜/氧化锌基甲醇合成催化剂的动力学行为时，发现随着合成气的还原势改变，铜的配位数可以变化很大，这种原位研究可推导出一个半定量的动态微观动力学模型，以便更好地解释稳定态和瞬态下的动力学数据。

电极材料的电化学性能不仅与材料的初始结构有关，还与电化学过程中结构稳定性和结构演变有关。电化学原位表征技术中，"原位"是指对电池进行现场监控，而无须拆解电池和对产物进行后处理。与传统非原位表征技术相比，原位观测是在操作条件下进行的，避免了表征过程中拆解电池、清洗极片，以及材料转移过程中造成的氧化和充放电产物损失，可以直接观察化学过程和结构演变。近年来，各种原位技术都得到了飞速发展，并被广泛应用到各类储能系统的机理研究[3]。常规应用于电化学的原位表征技术如下。

## 1.1　原位 X 射线衍射技术

X 射线的干涉会在晶体或部分晶体结构化材料中产生衍射图样。X 射线衍射（X-ray diffraction，XRD）技术广泛用于研究电极和固态电解质材料中的晶体结构和相变。近几年，关于使用原位 XRD 监测电极材料在循环（锂化/脱锂）或温度变化（加热/冷却）过程中的结构变化的工作被大量报道[4-8]。原位 XRD，尤其是基于同步辐射光源的原位透射式 XRD，是一种非接触的无损实时监测技术，主要用于研究固态电池电极或固态电解质的物相或晶体结构在不同充放电状态下的变化，以及充放电循环的持续进行而产生的变化。这些研究可以深入揭示固态电池的充放电机理与失效机理。然而，由于同步辐射资源的稀缺，大部分原位 XRD 实验只能通过实验室常规 XRD 设备进行反射式扫描，所能获取信息的量与精度都大为降低，且所需要的扫描时间大幅延长，并且由于常规 XRD 探测深度的局限性，需要精细设计原位电池。此外，获得原位 XRD 数据后，相应海量数据的精修将成为一项较为繁杂的工作。未来或将发展出高度智能化的软件工具，以对这些数据进行高效率的自动化精修处理与分析，并实时监测电极或电极-电解质界面中物相及其晶格参数的变化过程，为深入研究电池的运行及失效机理提供重要视角与数据支持。根据 X 射线信号采集器相对于入射 X 射线源的位置，原位 XRD 装置主要有反射式与透射式两种设计[9, 10]。本书将针对原位测试过程及后续数据分析作实例说明，为掌握原位 XRD 测试及数据分析提供依据。

最早将原位 XRD 技术用于原位现场分析锂离子电池的研究要追溯到 1978 年，基亚内利（Chianelli）等[11]以一种平行板结构研究了 Li/TiS$_2$ 电池。研究发现，TiS$_2$ 电极在放电过程中，晶格中的锂离子有序排列，导致晶格中的拓扑化学结构发生变化，这是电池史上首次的原位 X 射线分析。之后，随着原位 XRD 的应用逐渐广泛，目前大多数的相关研究主要集中在几种主流电极材料，尤其是正极材料的相变和结构变化上，这是由于正极材料在电化学反应中的结构相转变比负极材料更容易标定。但是到目前为止，原位 XRD 在固态电解质界面（solid-electrolyte interphase，SEI）和正极电解质界面（cathode-electrolyte interphase，CEI）上的研究仍然是一种挑战。

在早期对锂离子电池界面反应的探索和认知中，并未得到循环过程中负极表面一定会产生界面膜的结论。瓦格纳（Wagner）等通过原位 XRD 发现在 PC/LiClO$_4$ 基电解液中，PC 溶剂分子会先插入石墨晶格然后再分解，并不会分解在负极表面产生的稳定界面膜[12]。研究表明，在石墨/金属锂半电池中，PC 分子在循环中会插入石墨层间，产生锂溶剂化作用形成 PC/Li(PC)$_4$C$_{72}$，这会导致石墨晶格增大，从原位 XRD 结果中直接可以观测到石墨峰的峰强和半高宽（full width at half maximum，FWHM）发生变化。之后 PC 会在石墨层间发生分解，产生气态丙烯造成石墨内部形成压力，最终导致石墨剥落。

XRD 是一种十分适合分析晶体材料的技术，但是对于纳米级材料、晶体含量过低或者非晶体材料，其适用性就大大降低。除此之外，XRD 结果分析通常需要事先了解被测试样品结构和组成。对于纳米级厚度的界面膜，其以有机物和非晶组分为主的特点使得原位 XRD 表征电极界面未知组分和反应难度较大，适用性较差。因此，对界面膜晶体组成以外的组分进行表征需要其他原位表征技术辅助。

## 1.2　原位 FTIR 表征技术

FTIR 基于宽光谱范围中红外光束的吸收。FTIR 光谱学提供了有关分子组成和结构的重要信息，可以用于界面分析，因为它可以在电化学过程中检测分子水平的物种。原位 FTIR 已被证明是一种用于界面反应直接实时研究的有效且无损的技术[13]。通过原位 FTIR 最早研究的是负极的界面反应及 SEI 膜的形成。在电池体系中，有机分子在循环中由于得失电子的氧化或还原反应会发生有机物的聚合或分解反应，反应产物中不可溶的组分会沉积在电极表面，目前探测这些有机分解产物仍然是有挑战性的。石墨负极的研究逐步深入直至商业化，使其成为不可替代的负极材料，因此关于石墨的相关机理研究也随之增多，旨在探索其失效原理，为下一步改性夯实科学基础。其中，奥尔巴克（Aurbach）课题组采用原位 FTIR 技术对石墨-电解液界面的有机电解液分解产物进行了详尽的研究，这成为锂离子电池界面研究的标杆[14]。除负极之外，原位 FTIR 在正极材料界面的研究也有一定的应用，但是由于正极材料种类繁多、工作电压高、组成复杂等因素，相关研究相比负极而言要少很多。

相较于各类原位表征，原位分析技术在界面物种确定上有无法替代的作用，确定界面组成成分对进一步推断界面反应，从而得到材料性能失效机理和提升机理，以及后续的科学研究有着不可比拟的作用。而在振动技术中，与拉曼光谱相比，红外光谱的能量较低，不会对样品产生破坏性，测试过程也不会因为高能量束使界面有机组分发生分解反应影响检测。但是红外光谱只能测试到具有红外活性的基团，即具有偶极矩的基团，而对称基团，如 C=C、C≡C，以及单质中的对称键，都是不具有红外活性的，但具有拉曼活性，因此对于这类物质的研究，拉曼光谱会起到至关重要的补充作用。除此之外，红外光谱在其频率范围内对有机组分优先的准确性和敏感性，使其很难检测到界面膜中的无机组分，这就需要原位拉曼表征技术的辅助。

## 1.3　原位拉曼表征技术

拉曼光谱是基于单色光的非弹性散射光谱，该单色光是通过样品分子结构内官能团中的激发振动模式而引起散射的。分子/固体中的拉曼主动振动模式将导致拉曼散射光的波长发生特征性变化。拉曼效应是由于分子极化率（即分子电子云的畸变）的改变而引起光子的非弹性散射，最终引起散射光子波段发生改变的现象。拉曼光谱是指强度与入射光子不同的拉曼频率（即拉曼位移）之间的关系，因此拉曼位移主要依赖于入射光子的频率[15]。通常情况下，拉曼分析采用的激发波长多数在可见光范围内（400～700nm），因为该范围的光有较好的激发率。对于不同激发波长，特定的组分基团的拉曼位移不会随着激发波长的改变而变化。结合电化学技术，原位拉曼表征技术通常用于研究充电/放电过程中电池电极的成分和结构变化[16, 17]。这项技术是对锂硫电池（LSB）放电过程中形成多硫化锂表征的重要手段。

杜恩（Duyne）等在 1975 年首次运用原位拉曼表征技术研究了电化学体系中电极表面中间产物反应[16]。1992 年，艾里什（Irish）等利用原位拉曼表征技术，在 LiAsF$_6$/(THF：Me-THF)电解液体系中第一次观测到金属锂和有机电解液的界面，以及锂电极表面 SEI 膜的形成[17]，并发现负极金属锂表面有无机沉淀 As$_2$O$_3$ 和 F$_2$As-O-AsF$_2$ 的存在，但该体系并非锂离子电池体系。而利用原位拉曼表征技术对锂离子电池界面进行研究最早源自帕尼茨（Panitz）等在 1999 年对石墨电极和 LiClO$_4$/(EC∶DMC)电解液界面的研究[18]。还有一些研究是针对电极材料表面的人造 SEI 膜，例如，巴塔查里亚（Bhattacharya）等研究了石墨表面人造 Li$_2$CO$_3$ 的作用，并证实了该 SEI 膜在锂离子传输过程中具有较好的机械稳定性[19]。Murugesan 等通过原位拉曼实时监测 Cu 包覆 a-Si∶H 颗粒电极，原位拉曼谱图显示人造 SEI 膜 Cu 的存在能有效阻止电解液分解，因为电解液的拉曼峰在循环中保持不变[20]。

除常规电极材料界面组分变化及界面膜形成过程的表征，拉曼光谱还可以用来检测锂离子与电解液溶剂之间相互作用产生的溶剂相结构，即溶剂化和非溶剂化反应[21-24]。目前，原位拉曼作为运用最广泛的原位表征手段之一，已经在各种负极和正极材料的研究中被应用，如石墨、石墨烯及 LiFePO$_4$[25]等电极材料。

但是拉曼光谱也存在一定的局限性，因为它只能分析具有拉曼活性的分子或物种。此外，对于锂离子电池电极材料的界面膜的分析，拉曼激光波长长、光源强度大和曝光时间过长可能会引起样品局部生热，导致界面膜中某些敏感的有机组分遭到破坏，或者发生副反应，而该反应原本不该发生在电化学循环过程中，因此这些反应产物可能会造成分析结果的误差。例如，过长的曝光时间和高功率可能就会对样品的界面造成严重的焦化破坏，因此需要其他原位表征技术作为辅助。

## 1.4　原位透射电子显微技术

透射电子显微镜（transmission electron microscope，TEM）是利用高能电子束穿透样品所激发的弹性或非弹性电子等进行成像与分析的一种表征手段[26-28]。原位 TEM 在提高 TEM 时间分辨率的同时，对薄层或纳米电池系统施加电信号等，可以通过多种不同的模式，如高分辨透射电子显微镜（high-resolution TEM，HRTEM）、扫描透射电子显微镜（scanning TEM，STEM）、选区电子衍射（selected area electron diffraction）、电子能量损失谱（electron energy loss spectrum，EELS）、能量色散 X 射线谱（energy dispersive X-ray spectroscopy）等，实现从纳米甚至原子层面实时、动态监测电极、固态电解质及其界面在工况下的微观结构演化、反应动力学、相变、化学变化、机械应力，以及表/界面处的原子级结构和成分演化等关键信息，是系统研究固态锂电池充放电过程电化学反应机理及失效机理最具代表性的一种重要表征手段[29-32]。从纳米尺度上直接观测锂离子输运动力学可为理解电池中离子的扩散行为提供有价值的参考信息，还可以实时监控原子级化学成分的相变和形态演变[33]。

在原位 TEM 表征中，目前研究的电化学池主要包括两种：开放式电化学池和密闭式电化学池。前者的两个电极都分别紧贴在各自的集流体上，集流体与装置直接连接，两端电极都直接暴露在 TEM 的真空腔中，因此该类电化学池只适用于固态电解质和离子液体体系。后者则是整个电化学装置都密封在一个很薄的导电窗片中。由于这种电化学池是完全封闭式的，TEM 测试的高真空对电化学池本身没有影响，所以锂离子电池大多数的液态电解液体系可以以此进行原位表征，因此这种电化学池也称为液态 TEM 池。Abellan 等通过原位液态 TEM 电池测试，提供了在与实际电池操作相关的条件下快速直接表征电极/电解质界面反应的能力[34]。

对于液态电解液体系，由于传统碳酸酯体系中电极表面生成的界面膜对高能电子束极为敏感，在电子束的轰击下 SEI 或 CEI 会发生作用放热[35, 36]，就会导致电解液溶剂和锂盐分解产生气体和 LiF，在电子辐射的进一步作用下还会造成原子电离及晶体缺陷，这会使得界面反应过程的表征和分析受到影响[37, 38]。这种情况可以通过降低电子束能量得到改善，通过调整加速电压及放大倍数，有效减少电子数量，即在一定程度上抑制上述副反应的影响[39]。

随着液态 TEM 池的不断改进和完善，其作用过程更接近实际电池运行环境。原位 TEM 表征的相关研究越来越多，其中大部分是关于负极的锂枝晶生长、SEI 的形成和分解过程[40-44]，而在正极 CEI 的研究中几乎没有应用，这是由于正极材料中含有 Li，在高能电子束的持续作用下材料本身会发生严重的分解，影响连续性观测。此外，正极材料在形成 CEI 过程中，材料本身不会发生明显膨胀、粉化和枝晶生长现象，仅有纳米级的 CEI 缓慢形成，而该过程在长时间高能电子束的作用下存在较大误差，且通常正极材料的工作电压较高，发生的氧化反应更为复杂，正极材料结构较不稳定，会受到电子束较大的影响。

对于 SEI 生长可视化的研究早已实现，如 Unocic 等使用原位电化学 TEM 研究了 $LiPF_6$/(EC + DMC)电解质中玻碳电极上 SEI 的形成，并通过质量密度差异导致的暗场和明场成像对比度变化来识别 SEI 成分（如 LiF 和 $Li_2CO_3$）[45]。之后，在不同电极材料体系中，原位 TEM 被广泛应用于表征嵌锂、嵌钠或者嵌钾等过程中各种材料的相变和形貌变化，以及表面 SEI 生长过程和人造 SEI 在循环中的变化等[46, 47]。对于 CEI 的研究可能需要进一步优化放大倍数与电子束能量之间的关系，可以实现高放大倍数下，不对正极材料本身造成破坏，使 CEI 生长可视化和正极材料原子级相变可视化的相关研究成为可能。

综上所述，电化学中催化剂需要耐受强酸/强碱性环境及高氧化电位等。为了加深对强酸/强碱介质中催化过程的理解以开发具有更好稳定性与更高活性的电催化剂，相对于非原位技术，原位技术往往具有在线检测、可以实现时间分辨、更加接近真实使用环境等优点[48]。因此，研究和发展原位表征技术显得尤为重要。本书介绍几种适用于电催化研究的原位表征技术，包括原位 X 射线衍射技术、原位电化学红外技术、原位电化学拉曼技术、原位电感耦合等离子体-质谱技术及原位透射电子显微镜技术等。在实际应用中，需要合理地根据测试技术的适用条件进行选用，并利用多种技术的测试结果相互印证以提升实验结论的可信度。通过本书的介绍，以期在未来研究电催化过程中探讨如下问题：①如何更合理地设计原位装置以接近电解池的真实工作环境；②如何将多种原位技术联用进而同时获得不同分析方法的原位数据，以提高各种技术间数据的可比性；③如何发展有潜在价值的原位技术，如酸/碱性催化剂的原位形貌表征技术；④如何提高仪器的时空分辨率以观测到有价值的微弱信号。

## 参 考 文 献

[1]　Li W J, Chu G, Peng J Y, et al. Fundamental scientific aspects of lithium batteries (XII): Characterization techniques[J]. Energy Storage Science and Technology, 2014, 3(6): 642-667.

[2]　Topsøe H. *In situ* characterization of catalysts[J]. Studies in Surface Science and Catalysis, 2000, 130(1): 1-21.

[3]　Canas N A, Wolf S, Wagner N, et al. *In-situ* X-ray diffraction studies of lithium-sulfur batteries[J]. Journal of Power Sources, 2013, 226(31): 313-319.

[4]　Jha H, Buchberger I, Cui X, et al. Li-S batteries with Li$_2$S cathodes and Si/C anodes[J]. Journal of the Electrochemical Society, 2015, 162(9): A1829-A1835.

[5]　Kulisch J, Sommer H, Brezesinski T, et al. Simple cathode design for Li-S batteries: Cell performance and mechanistic insights by in operando X-ray diffraction[J]. Physical Chemistry Chemical Physics, 2014, 16(35): 18765-18771.

[6]　Paolella A, Zhu W, Marceau H, et al. Transient existence of crystalline lithium disulfide Li$_2$S$_2$ in a lithium-sulfur battery[J]. Journal of Power Sources, 2016, 325(641): 5-35.

[7]　Yang Y, Zheng G Y, Misra S, et al. High-capacity micrometer-sized Li$_2$S particles as cathode materials for advanced rechargeable lithium-ion batteries[J]. Journal of the American Chemical Society, 2012, 134(37): 15387-15394.

[8]　Zhu W, Paolella A, Kim C S, et al. Investigation of the reaction mechanism of lithium sulfur batteries in different electrolyte systems by *in situ* Raman spectroscopy and *in situ* X-ray diffraction[J]. Sustainable Energy & Fuels, 2017, 1(4): 737-747.

[9]　Petzold A, Juhl A, Scholz J, et al. Distribution of sulfur in carbon/sulfur nanocomposites analyzed by small-angle X-ray scattering[J]. Langmuir, 2016, 32(11): 2780-2786.

[10]　Wang D R, Wujcik K H, Teran A A, et al. Conductivity of block copolymer electrolytes containing lithium polysulfides[J]. Macromolecules, 2015, 48(14): 4863-4873.

[11]　Chianelli R R, Scanlon J C, Rao B M L, et al. Dynamic X-ray diffraction[J]. Journal of the Electrochemical Society, 1978, 125(10): 1563-1578.

[12]　Wagner M R, Albering J H, Moeller K C, et al. XRD evidence for the electrochemical formation of Li$^+$(PC)$_y$Cn$^-$ in PC-based electrolytes[J]. Electrochemistry Communications, 2005, 7(9): 947-952.

[13]　See K A, Wu H L, Lau K C, et al. Effect of hydrofluoroether cosolvent addition on Li solvation in acetonitrile-based solvate electrolytes and its influence on S reduction in a Li-S battery[J]. ACS Applied Materials & Interfaces, 2016, 8(50): 34360-34371.

[14]　Aurbach D, Markovsky B, Weissman I, et al. On the correlation between surface chemistry and performance of graphite negative electrodes for Li ion batteries[J]. Electrochimica Acta, 1999, 45(1): 67-86.

[15]　Tripathi A M, Su W N, Hwang B J. *In situ* analytical techniques for battery interface analysis[J]. Chemical Society Reviews, 2018, 47(3): 736-851.

[16]　Jeanmaire D L, Suchanski M R, van Duyne R P. Resonance Raman spectroelectrochemistry. I. Tetracyanoethylene anion radical[J]. Journal of the American Chemical Society, 1975, 97(7): 1699-1707.

[17]　Odziemkowski M, Krell M, Irish D E. A Raman microprobe *in situ* and *ex situ* study of film formation at lithium/organic electrolyte interfaces[J]. Journal of the Electrochemical Society, 1992, 139(11): 3052.

[18]　Panitz J C, Joho F, Novák P. *In situ* characterization of a graphite electrode in a secondary lithium-ion battery using Raman microscopy[J]. Applied Spectroscopy, 1999, 53(10): 1188-1199.

[19]　Bhattacharya S, Riahi A R, Alpas A T. Electrochemical cycling behaviour of lithium carbonate (Li$_2$CO$_3$) pre-treated graphite anodes-SEI formation and graphite damage mechanisms[J]. Carbon, 2014, 77(1): 99-112.

[20]　Murugesan S, Harris J T, Korgel B A, et al. Copper-coated amorphous silicon particles as an anode material for lithium-ion batteries[J]. Chemistry of Materials, 2012, 24(7): 1306-1315.

[21]　Liu X R, Wang L, Wan L J, et al. *In situ* observation of electrolyte-concentration-dependent solid electrolyte interphase on graphite in dimethyl sulfoxide[J]. ACS Applied Materials & Interfaces, 2015, 7(18): 9573-9580.

[22]　Hardwick L J, Holzapfel M, Wokaun A, et al. Raman study of lithium coordination in EMI-TFSI additive systems as lithium-ion batter ionic liquid electrolytes[J]. Journal of Raman Spectroscopy, 2007, 38(1): 110-112.

[23]　Wu J, Dathar G K P, Sun C, et al. *In situ* Raman spectroscopy of LiFePO$_4$: Size and morphology dependence during charge and self-discharge[J]. Nanotechnology, 2013, 24(42): 424009.

[24]　Wu H L, Huff L A, Gewirth A A. *In situ* Raman spectroscopy of sulfur speciation in lithium-sulfur batteries[J]. ACS Applied

Materials & Interfaces, 2015, 7(3): 1709-1719.

[25]　Wu H L, Shin M, Liu Y M, et al. Thiol-based electrolyte additives for high-performance lithium-sulfur batteries[J]. Nano Energy, 2017, 32(1): 50-58.

[26]　Akita Y, Segawa M, Munakata H, et al. *In-situ* Fourier transform infrared spectroscopic analysis on dynamic behavior of electrolyte solution on LiFePO$_4$ cathode[J]. Journal of Power Sources, 2013, 239(1): 175-180.

[27]　Hongyou K, Hattori T, Nagai Y, et al. Dynamic *in situ* Fourier transform infrared measurements of chemical bonds of electrolyte solvents during the initial charging process in a Li ion battery[J]. Journal of Power Sources, 2013, 243(1): 72-87.

[28]　Koo B M, Dalla Corte D A, Chazalviel J N, et al. Lithiation mechanism of methylated amorphous silicon unveiled by operando ATR-FTIR spectroscopy[J]. Advanced Energy Materials, 2018, 8(13): 1702568-1702582.

[29]　Lanz P, Novak P. Combined *in situ* Raman and IR microscopy at the interface of a single graphite particle with ethylene carbonate/dimethyl carbonate[J]. Journal of the Electrochemical Society, 2014, 161(10): A1555-A1563.

[30]　Kinoshita K, Bonevich J, Song X, et al. Transmission electron microscopy of carbons for lithium intercalation[J]. Solid State Ionics, 1996, 86(88): 1343-1350.

[31]　Nakashima K, Kao K C. Study of heat treated and electron beam bombarded amorphous semiconductor surfaces by scanning electron microscopy[J]. Thin Solid Films, 1977, 41(2): L29-L34.

[32]　Gale B, Hale K F. Heating of metallic foils in an electron microscope[J]. Journal of Physics D: Applied Physics, 1961, 12(3): 115-117.

[33]　Sloop S E, Pugh J K, Wang S, et al. Chemical reactivity of PF$_5$ and LiPF$_6$ in ethylene carbonate/dimethyl carbonate solutions[J]. Electrochemical and Solid State Letters, 2001, 4(4): A42-A44.

[34]　Abellan P, Mehdi B L, Parent L R, et al. Probing the degradation mechanisms in electrolyte solutions for Li-ion batteries by *in situ* transmission electron microscopy[J]. Nano Letters, 2014, 14(3): 1293-1299.

[35]　Tripathi A M, Su W N, Hwang B J, et al. *In situ* analytical techniques for battery interface analysis[J]. Chemical Society Reviews, 2018, 47(3): 736-851.

[36]　Dong J, Xue Y, Zhang C, et al. Improved Li$^+$ storage through homogeneous N-doping within highly branched tubular graphitic foam[J]. Advanced Materials, 2017, 29(6): 1603692.

[37]　Zeng Z, Liang W I, Liao H G, et al. Visualization of electrode-electrolyte interfaces in LiPF$_6$/EC/DEC electrolyte for lithium ion batteries via *in situ* TEM[J]. Nano Letters, 2014, 14(4): 1745-1750.

[38]　Leenheer A J, Jungjohann K L, Zavadil K R, et al. Lithium electrodeposition dynamics in aprotic electrolyte observed *in situ* via transmission electron microscopy[J]. ACS Nano, 2015, 9(4): 4379-4389.

[39]　Mehdi B L, Qian J, Nasybulin E, et al. Observation and quantification of nanoscale processes in lithium batteries by opevando electrochemical (S)TEM[J]. Nano Letters, 2015, 15(3): 2168-2173.

[40]　Yang Y, Liu X, Dai Z, et al. *In situ* electrochemistry of rechargeable battery materials: Status report and perspectives[J]. Advanced Materials, 2017, 29(31): 13256-13267.

[41]　Dollé M, Grugeon S, Beaudoin B, et al. *In situ* TEM study of the interface carbon/electrolyte[J]. Journal of Power Sources, 2001, 97(98): 104-106.

[42]　Cao K, Li P, Zhang Y, et al. *In situ* TEM investigation on ultrafast reversible lithiation and delithiation cycling of Sn@C yolk-shell nanoparticles as anodes for lithium ion batteries[J]. Nano Energy, 2017, 40(1): 187-194.

[43]　Shang T, Wen Y, Xiao D. Atomic-scale monitoring of electrode materials in lithium-ion batteries using *in situ* transmission electron microscopy[J]. Advanced Energy Materials, 2017, 7(23): 1700709-1700715.

[44]　Teshager M A, Lin S D, Wang B J H, et al. *In situ* drifts analysis of solid-electrolyte interphase formation on Li-rich Li$_{1.2}$Ni$_{0.2}$Mn$_{0.6}$O$_2$ and LiCoO$_2$ cathodes during oxidative electrolyte decomposition[J]. ChemElectroChem, 2016, 3(2): 337-345.

[45]　Unocic R R, Sun X G, Sacci R L, et al. Direct visualization of solid electrolyte interphase formation in lithium-ion batteries with *in situ* electrochemical transmission electron microscopy[J]. Microscopy and Microanalysis. 2014，20：1029-1037.

[46]    Feng J H, Kriechbaum M, Liu L E. *In situ* capabilities of small angle X-ray scattering[J]. Nanotechnology Reviews, 2019, 8(1): 352-369.

[47]    Cornelius T W, Thomas O. Progress of *in situ* synchrotron X-ray diffraction studies on the mechanical behavior of materials at small scales[J]. Progress in Materials Science, 2018, 94(1): 384-434.

[48]    Zhu C, Liang S, Song E, et al. *In-situ* liquid cell transmission electron microscopy investigation on oriented attachment of gold nanoparticles[J]. Nature Communications, 2018, 9(1): 421-436.

# 第2章　原位 X 射线衍射技术及其在电化学测试中的应用

## 2.1　原位 X 射线衍射理论基础

### 2.1.1　衍射线

当 X 射线照射到晶体上时，会被晶体中的电子散射。这些电子可以看作辐射源，向外辐射与入射的 X 射线频率相同的电磁波。而在一个原子中的所有电子可以看作由原子中心发出的。在此基础上，就可以将此晶体中的所有原子看作辐射源，它们分别向周围空间辐射与入射的 X 射线频率相同的电磁波。当两个散射波的波程差 $\Delta A = n\lambda$ $(n = 0,1,2,3,\cdots)$ 时，两个波相位完全相同，此时合成振幅为两个波原来振幅的叠加，即产生相长干涉；而当两个散射波的波程差 $\Delta A = \left(n + \dfrac{1}{2}\lambda\right)$ $(n = 0,1,2,3,\cdots)$ 时，第一个波的波峰和第二个波的波谷重叠，此时合成振幅为零，即产生相消干涉。而 X 射线衍射，就是晶体中不同的原子散射 X 射线后波的相互干涉现象。

描述 X 射线主要有两种方式：布拉格定律和劳厄方程。其中，布拉格定律应用较为方便。

#### 1. 布拉格定律

将晶体看成由许多平行的原子面堆积而成，则衍射线就可以看作原子面对入射线的反射。下面以一层原子面和多层原子面分析散射波的叠加。

如图 2-1 所示，当一束平行的 X 射线以 $\theta$ 角入射到一层原子面上时，在面上随便取两个原子 $A$ 和 $B$，这两个原子在反射方向的光程差为

$$\Delta = PA - QB = AB \times \cos\theta - AB \times \cos\theta = 0$$

光程差为零则说明两个散射波的相位相同，为干涉加强的情况。由于在分析时原子面上原子是任意取的，在这个原子面上所有原子的散射波反射的方向都相同。由此可知，一层原子面对 X 射线散射现象类似于光在镜面上的反射。

X 射线的穿透能力很强，不仅可以将晶体表面上的原子变成散射源，还可以深入晶体内部，使不同层的原子面上的原子变为散射源。如图 2-2 所示，当一束平行的 X 射线以 $\theta$ 角入射到多层平行的原子面上时，入射线 $P$ 在第一个晶面的 $A$ 原子位置发生散射，另一条与其平行的入射线 $Q$ 在第二个晶面的 $A'$ 原子位置发生散射。可以计算，两条入射线和衍射线的光程差为

$$\delta = QA'Q' - PAP' = SA' + TA' = 2d\sin\theta$$

当这个光程差为 X 射线波长 $\lambda$ 的一半时，散射波会发生相互抵消。而当光程差为 X 射线波长 $\lambda$ 的整数倍时，会出现干涉加强的衍射光束。因此，干涉加强的条件可总结为

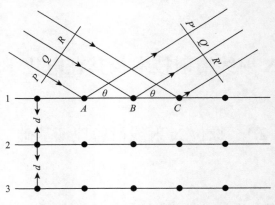

图 2-1　一层原子面的 X 射线反射

$$2d\sin\theta = n\lambda \tag{2-1}$$

式中，$d$ 为晶面间距；$\theta$ 为入射线或反射线与晶面的夹角，称为布拉格角；$n=1,2,\cdots$，称为衍射级数；$\lambda$ 为入射线的波长。此式为 1912 年英国物理学家布拉格父子根据晶面反射 X 射线的观点推导得来的，故称为布拉格方程。

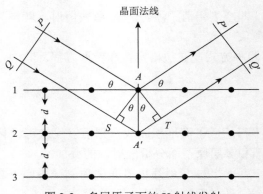

图 2-2　多层原子面的 X 射线发射

布拉格方程的讨论：

（1）入射线、反射线和晶面法线在同一平面内且入射角等于反射角。

（2）X 射线产生衍射的波长是有极限的。由数学知识可知 $\sin\theta$ 只能小于或等于 1，根据布拉格方程可得 $n\lambda/2d = \sin\theta \leqslant 1$，则 $n\lambda \leqslant 2d$。而 $n$ 的最小值为 1，此时入射 X 射线的波长必须小于等于晶面间距的两倍才会出现衍射现象。

（3）布拉格方程中的 $n$ 为衍射级数，但是在应用时并不会直接给出 $n$ 的值，而是选用另一种形式。如图 2-3 所示，假设 X 射线入射到(100)面并且发生了二级反射，则此时对应的布拉格方程为

$$2d_{100}\sin\theta = 2\lambda \tag{2-2}$$

可以假设在相邻的两个(100)面中间插入了一层与它们原子排列完全相同的面，考虑到它们与上一个晶面在垂直方向上的截距变为原来的一半，则这些插入面的晶面指数应为

(200)。将其代入布拉格方程后可发现，由于晶面间距变为原来的一半，衍射级数 $n$ 也随之减半变为 1。此时可以看作 X 射线在(200)晶面上发生了一级反射，布拉格方程也就变为

$$2d_{200}\sin\theta = \lambda \tag{2-3}$$

此式将布拉格方程变为一级反射的形式，式中 $d_{200} = d_{100}/2$。在一般情况下，将一级反射时对应的面称为干涉面，它可能不是晶体中实际存在的原子面，只是为了简化布拉格方程而引入的。可以将干涉面的晶面指数表示为(HKL)，那么就有 $H = nh$, $K = nk$, $L = nl$ [其中(hkl)为其他反射面的晶面指数]。其晶面间距 $d_{HKL} = d_{hkl}/n$。将干涉面对应的晶面指数称为干涉指数，它们会有公约数 $n$。只有当 $n = 1$ 时，干涉指数才代表实际存在的晶面指数。如不进行特殊说明，在利用布拉格方程进行晶面分析时，晶面间距一般为干涉面的晶面间距。

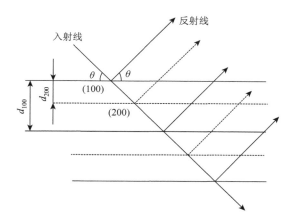

图 2-3　二级反射示意图

（4）对于立方晶系，晶面间距为

$$d = a/(h^2 + k^2 + l^2)^{1/2} \tag{2-4}$$

将式（2-4）代入布拉格方程就可以得到 X 射线衍射方向的公式：

$$\sin\theta = \frac{\lambda}{2a}\sqrt{h^2 + k^2 + l^2} \tag{2-5}$$

同理，也可以写出四方晶系和六方晶系的衍射方向公式分别为

$$\sin\theta = \frac{\lambda}{2}\sqrt{\frac{l^2}{c^2} + \frac{h^2 + K^2}{a^2}} \tag{2-6}$$

$$\sin\theta = \frac{\lambda}{2}\sqrt{\frac{4}{3}\frac{h^2 + hk + k^2}{a^2} + \frac{l^2}{c^2}} \tag{2-7}$$

式（2-5）、式（2-6）及式（2-7）表明，对于波长 $\lambda$ 固定的 X 射线，晶面发生衍射时的衍射方向取决于组成晶体的晶胞的形状和大小。从另一方面来讲，只要可以获得晶胞在衍射时的方向，就可以确定晶胞的尺寸和形状。

人们通常习惯将 X 射线衍射称为 X 射线反射，但它和可见光的反射在以下三个方面还有很大的不同：

（1）当 X 射线入射晶体表面时，只有满足特定角度才会产生衍射现象（选择衍射），而可见光的反射可以发生在任意角度。

（2）X 射线不仅可以被晶体表面上的原子层反射，还可以穿过晶体表面在晶体内部的原子层上发生反射，而可见光的反射只存在表面上。

（3）可见光在良好的晶面上的反射效率差不多可达到 100%，而 X 射线衍射时的强度与入射强度相比要小得多。

### 2. 劳厄方程

首先考虑在一维情况下的衍射方程。如图 2-4 所示，当波长为 $\lambda$ 的 X 射线以 $\alpha$ 角入射到一维的点阵上时，点阵上的所有原子可以看作散射中心，向周围发生散射。设散射线与一维原子面的夹角为 $\alpha_1$，在此面上的相邻两个原子的距离为 $a$，那么两个原子对 X 射线散射的光程差 $\delta = a\cos\alpha_1 - a\cos\alpha$。而当此光程差为波长的整数倍时，会产生干涉加强现象，此时散射线的强度发生相互叠加。用公式表示为

$$\delta = a\cos\alpha_1 - a\cos\alpha = H\lambda \tag{2-8}$$

式中，$H$ 为任意整数。此式反映了在一维原子层的情况下，入射线的波长和方向与衍射线方向及点阵参数的关系，称为一维劳厄方程。

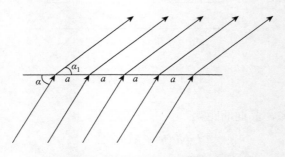

图 2-4　一行原子列对 X 射线的衍射

其次为二维情况下即单一原子面的衍射方程。设在二维点阵上的基矢分别为 $\boldsymbol{a}$ 和 $\boldsymbol{b}$，那么在两个方向上的一维劳厄方程为

$$\begin{cases} \boldsymbol{a}(\cos\alpha_1 - \cos\alpha) = H\lambda \\ \boldsymbol{b}(\cos\beta_1 - \cos\beta) = K\lambda \end{cases} \tag{2-9}$$

式中，$H$ 和 $K$ 为任意整数；$\alpha$ 和 $\beta$ 分别为入射方向与 $\boldsymbol{a}$ 和 $\boldsymbol{b}$ 的夹角；$\alpha_1$ 和 $\beta_1$ 分别为衍射方向与 $\boldsymbol{a}$ 和 $\boldsymbol{b}$ 的夹角。式（2-9）为二维劳厄方程。当 X 射线入射单一原子面时，必须满足以上两个方程才可产生衍射。

实际晶体结构为三维周期结构。设有三个不共面的原子列，它们的点阵基矢分别为 $\boldsymbol{a}$、$\boldsymbol{b}$ 和 $\boldsymbol{c}$，那么在三个方向上的一维劳厄方程为

$$\begin{cases} \boldsymbol{a}(\cos\alpha_1 - \cos\alpha) = A\lambda \\ \boldsymbol{b}(\cos\beta_1 - \cos\beta) = B\lambda \\ \boldsymbol{c}(\cos\gamma_1 - \cos\gamma) = C\lambda \end{cases} \tag{2-10}$$

式中，$A$、$B$ 和 $C$ 为任意整数；$\alpha$、$\beta$ 和 $\gamma$ 分别为入射方向与 $\boldsymbol{a}$、$\boldsymbol{b}$ 和 $\boldsymbol{c}$ 的夹角；$\alpha_1$、$\beta_1$ 和 $\gamma_1$ 分别为衍射方向与 $\boldsymbol{a}$、$\boldsymbol{b}$ 和 $\boldsymbol{c}$ 的夹角。式（2-10）称为三维劳厄方程。当三维晶体要产生衍射时，必须满足此条件。由实际的几何关系可知：

$$\begin{cases} \cos^2\alpha + \cos^2\beta + \cos^2\gamma = 1 \\ \cos^2\alpha_1 + \cos^2\beta_1 + \cos^2\gamma_1 = 1 \end{cases} \tag{2-11}$$

式（2-11）称为劳厄方程的协调性或约束性方程。

### 2.1.2　衍射及相关研究

X 射线谱图的本质是对晶体微观结构的体现。X 射线衍射在许多方面都有应用，可以进行如物相分析、点阵参数的精确测定、宏观应力分析和晶体取向测定等基本测定，也可以进行如二维 X 射线衍射分析、X 射线多重衍射、晶体缺陷的衍衬成像观察、薄膜和一维超点阵材料的 X 射线分析，以及聚合物和高分子材料的 X 射线分析等具体分析。

1）物相分析

物相分析可分为定性分析和定量分析。物相定性分析的基本原理是所有结晶物质具有特定的晶体结构（包括点阵类型、晶胞大小、晶胞中原子的数目及所在位置），那么在特定波长的 X 射线照射下，不同晶体的衍射花样都是独一无二的。因此，可以利用衍射线的晶面间距（$d$ 值）及相对强度（$I/I_1$）进行物相的定性分析。在物相定量分析时，要消去方程式中的未知数 $K_1$，可以采用待测相的某根衍射线的强度除以该相标准物质同一衍射线强度的方法。主要方法有外标法（将所需物相的纯物质单独标定，再与多相混合物中待测相的同一衍射线强度比较）、内标法（在待测试样中掺入一定量的标准物质，将试样中待测相的某根衍射线强度与掺入试样中已知含量标准物质的同一根衍射线强度对比）、$K$ 值法（利用预先测定好的参比强度 $K$ 值，根据被测相的质量分数和衍射强度的线性方程，通过数学计算可得组分含量）和直接比较法（以试样中某一个相的某根衍射线作为标准线条而比较）。

2）点阵参数的精确测定

利用德拜法测定点阵参数时，系统误差有相机半径误差、底片伸缩误差、样品偏心误差和样品吸收误差。要减小误差以获得精确的点阵参数，可以采用合适的实验技术和数据处理方法。对于实验技术，可以采用构造精密的相机、偏装法、样品高度准确地放置在相机轴线上、减小样品尺寸和采用比长仪精密测定衍射线位置等方法进行精确测定。而精确化处理数据的方法主要有三种：外推法（根据求得的点阵参数通过一定的外推函数作图，并外推到误差等于零就可以得到精确的点阵参数）、流移常数图解法和最小二乘法。

3）宏观应力分析

材料中的应力有三种。第 I 类内应力是物体在较大范围内出现并可以保持平衡的内应力，它会引起 X 射线衍射线的位移，将其称为宏观应力；第 II 类内应力是一个或少数几个晶粒范围内出现并可以保持平衡的内应力，它会引起 X 射线衍射线展宽，将其称为微观应力；第Ⅲ类内应力是在几个原子范围内出现并可以保持平衡的内应力，它会使衍射强度下降，将其称为超微观应力。宏观应力的测定主要有两种方法：衍射仪法和应力仪法。衍射仪法主要有 $\sin^2\psi$ 法和 0°～45°法。$\sin^2\psi$ 法主要步骤为：测 $\psi = 0°$、15°、30°、45°对应的 $2\theta_\psi$ 角，然后绘制 $2\theta_\psi$-$\sin^2\psi$ 的关系图，利用最小二乘法做线性回归，算出直线斜率 $M$ 后用 $\sigma_\psi = M \times K$ 可得应力值。其中，$K$ 是只与材料本质、选定衍射面指数（$HKL$）有关的常数，当测量的样品是同一种材料，而且选定的衍射面指数相同时，$K$ 为定值，称为应力系数。0°～45°法与 $\sin^2\psi$ 法的主要区别在于只取直线上的首位两点，即 0°和 45°，但是这要求 $2\theta_\psi$ 和 $\sin^2\psi$ 的线性关系比较好。应力仪法也分为 $\sin^2\psi$ 法和 0°～45°法，它的最大特点在于在测定过程中工件固定不动，因此又被称为固定 $\psi_0$ 法。

4）晶体取向测定

单晶最大的特点是各向异性，对于单晶的制备和应用都需要知道其取向，例如，集成半导体硅片需要其表面为(100)或(111)面。单晶定向主要采用劳厄法，根据光源、试样和底片的关系可分为透射劳厄法和背射劳厄法。背射劳厄法简单方便，因此多用其测定单晶取向。主要步骤为：用格伦宁格网和乌尔夫网将劳厄斑点还原为对应衍射晶面法线的极射赤面投影，再借助乌氏网及晶面间夹角的关系，用尝试法就可以确定投影图中所有投影极点的晶面指数。

5）二维 X 射线衍射分析

二维 X 射线衍射技术在单晶、多晶及 X 射线小角散射中都有应用。对于单晶样品，可以用二维 X 射线衍射技术测定单晶体的晶体取向和用于定向切割，也可用于微小单晶样品晶体结构的测定。对于多晶样品，二维 X 射线衍射技术用于物相分析和应力应变测定都有一维 X 射线衍射技术所不具有的优势。将其应用于多晶的物相分析，可以简便地分析大晶粒和织构样品；用于应力应变测定时又可得到应力应变的各向异性特征。对于 X 射线小角散射，二维下可观察 1～200nm 的各向异性材料，且可以动态观察。

6）X 射线多重衍射

根据布拉格定律可知，当入射 X 射线的波长一定时会在特定的晶面上发生衍射现象。而当晶体有多个满足布拉格定律的原子面，且同时在相同的方向上对入射 X 射线发生衍射时，便发生了多重衍射现象。可以通过准直光束法和发射束技术来获得多重衍射花样。多重衍射在衍射相位的实验测定和晶体结构的测定、晶体对称的研究、单晶点阵参数的测定、点阵错配的测定、晶体缺陷的观测等方面有应用。而且多重衍射将来会在一维超点阵材料、X 射线光学和晶面等方面有更大的应用前景。

7）晶体缺陷的衍衬成像观察

X 射线衍射形貌相具有非破坏性和能拍摄大面积晶片的形貌图，因此有很多用途。在单晶生长及单晶器件工艺中的应用：单晶生长过程的记录和重现，单晶生长与晶体缺陷，经切、磨、抛后晶片损伤的测定，诱生缺陷与器件工艺控制及离子注入晶片的研究。在金属研究中的应用：单相材料的组织结构观察，在双相和多相材料中的应用，时效合金的研究，非晶合金的晶化过程和结晶物质的非晶化过程的研究及磁畴的观察。

8）薄膜和一维超点阵材料的 X 射线分析

对于薄膜分析，可以利用低角度 X 射线散射和衍射、掠入射 X 射线衍射等衍射方法，以及粉末衍射仪、薄膜衍射仪、双晶衍射仪、多重晶衍射仪等衍射仪器，还可结合劳厄法线分析扩展 X 射线吸收精细结构能量色散方法、驻波 X 射线荧光法、射线多重衍射漫散射和掠入射衍射形貌术来分析多层膜和超点阵的结构。

9）聚合物和高分子材料的 X 射线分析

聚合物和高分子材料的结构比非晶态的金属材料和微晶无机非金属材料复杂，也比晶态的金属材料和硅酸盐材料复杂，可以利用广角 X 射线衍射花样及小角衍射花样得到许多信息。主要分为：广角 X 射线衍射和广角 X 射线散射。研究高分子材料结构时，通过 XRD 的峰位与强度谱确定结晶态高分子的晶体结构，通过 XRD 峰的积分宽度测定结晶态高分子的晶粒度和畸变，通过 XRS 的总强度和晶态的 XRD 强度测定高分子材料的结晶度，测定晶粒的取向分布、取向类型和取向度，根据晶胞中各原子的位置来推测分子键的构型和构象，高分子在应变结晶和热结晶过程中的结构变化，以及高分子结晶相中的分子运动包括晶型、晶粒的增大和结晶完整性，高分子非晶与熔体的凝聚态结构，高分子液晶的类型、取向等凝聚态结构。

## 2.2  原位 X 射线衍射仪原理

X 射线衍射的方法通常分为照相法和衍射仪法。照相法属于较为原始的方法，照相时间长、拍摄得到的衍射强度的准确性较低，因而其在现代材料实验中使用较少。衍射仪法拥有如速度快、精度高、制备和使用方便等优势，已经在材料研究中成为不可或缺的一部分。衍射仪法，顾名思义，是使用 X 射线衍射仪对样品进行物相鉴定和分析的一种方法。最初分析 X 射线衍射的仪器是劳厄相机，后来发展为德拜相机，在此基础上形成了 X 射线衍射仪。最早的 X 射线衍射仪由布拉格提出，那时被称为 X 射线分光仪。基本原理是在德拜相机的基础上，让其绕试样旋转一周，同时在此过程中记录下衍射角 $\theta$ 及其所对应的衍射强度 $I$ 就可获得 X 射线的衍射谱图。

X 射线衍射仪就是用特征 X 射线照射多晶样品，并用探测器记录衍射信息的衍射实验装置。衍射仪主要由以下四个部分组成：

（1）X 射线发生器：X 射线的产生装置。

（2）测角仪：测量衍射角度 $2\theta$ 的装置。

（3）X 射线探测器：记录 X 射线强度的装置。

（4）X 射线系统控制装置：控制整个 X 射线衍射仪的电器系统及保护系统。

前三个部分为衍射仪的必备装置，而第四部分的作用主要是实现 X 射线测量的自动化。

### 2.2.1  一般特点

测角仪的结构如图 2-5 所示。$F$ 为入射 X 射线焦点；$B$、$A$ 都为狭缝；$C$ 为平板状试样；$O$ 为样品台的中心，它同样位于整个测角仪的中心；$S$ 为计数器。其中入射点到中心的

距离 $FO$ 与计数器到中心的距离 $SO$ 相等，它们都等于测角仪半径 $R$。X 射线发生器中产生的 X 射线从 $F$ 点进入，经过入射狭缝到达样品后发生衍射，衍射线再经过防散射狭缝和接收狭缝来到计数器 $S$。在此过程中还要经过狭缝 $A$、$B$，它们的主要作用为只让平行方向的 X 射线通过，而垂直发散的 X 射线被限制。在测试过程中，$F$、$B$、$O$ 始终在同一条直线上，$O$、$A$、$S$ 也在一条直线上，而样品台和测角仪可分别绕 $O$ 转动，也可机械连动。

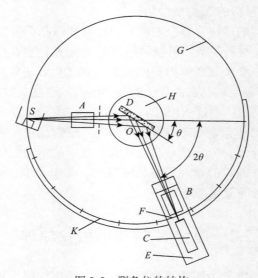

图 2-5　测角仪的结构

$G$. 测角仪圆；$D$. 试样；$H$. 试样台；$K$. 刻度尺；$E$. 支架

　　衍射仪的计数器接收范围只是一个点，而为了满足 $FO = CO$ 的条件，就只有一个满足条件的信号被计数器接收。要获得所有的衍射信号，则需要改变入射角 $\theta$，因此样品必须绕 $O$ 点旋转，同时计数器也要同步旋转以接收衍射信号。当固定光源 $F$ 时，样品和计数器绕测角仪以 $0°\sim2\theta$ 角度旋转。如图 2-6 所示，衍射角 $2\theta_1$、$2\theta_2$、$2\theta_3$ 有半径分别为 $r_1$、$r_2$、$r_3$ 的聚焦圆，衍射角 $\theta_1$ 对应于 $FS = FG_1$，衍射角 $\theta_2$ 对应于 $FS = FG_2$，衍射角 $\theta_3$ 对应于 $FS = FG_3$。

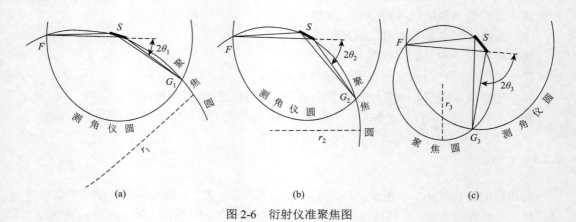

图 2-6　衍射仪准聚焦图

平板试样 $S$ 与聚焦圆相切。图 2-7 显示了测角仪圆和聚焦圆的几何关系，从图中可得到

$$\frac{R}{2r} = \cos\left(\frac{\pi}{2} - \theta\right) = \sin\theta \qquad (2\text{-}12)$$

则

$$r = \frac{R}{2\sin\theta} \qquad (2\text{-}13)$$

聚焦圆为过 $F$、$S$ 的外接圆，当 $2\theta = 0°$ 时 $r = \infty$；当 $\theta = 90°$ 时，聚焦圆直径等于测角圆半径，即 $2r = R$，新式衍射仪可使计数管沿 $FO$ 方向径向运动，并与 $\theta$–$2\theta$ 连动，使 $F$ 始终在聚焦点上，因此当 $2\theta = 180°$ 时 $r = SF/2 = SO/2$，此时为最小值。

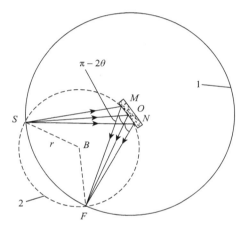

图 2-7　测角仪圆和聚焦圆的几何关系

1. 测角仪圆；2. 聚焦圆

根据聚焦条件的要求，试样表面需与聚焦圆具有相同的曲率。但由于在测试过程中聚焦圆的半径是不断变化的，即曲率在不断变化中，试样表面却不可能实现这样的变化，只能采用平板试样做近似处理，让试样表面与聚焦圆相切，此时聚焦圆的圆心在试样表面的法线上。满足这个条件，还需要让试样表面与计数器同时绕测角仪中心向同一方向转动，且它们之间还要满足一定的对应关系，即当入射角为 $\theta$ 时，计数器处于 $2\theta$ 位置。这种位置需要试样和计数器转动的角速度保持 $1:2$ 的速度比。

## 2.2.2　光学原理

X 射线测角仪的光学布置如图 2-8 所示。X 射线源的靶面 $S$ 为线焦点，其长轴沿竖直方向，即与测角仪中心轴平行。X 射线源的线焦点 $S$ 的尺寸一般为 $1.5\text{mm} \times 10\text{mm}$。由于靶是倾斜放置的，靶与入射方向之间存在一个夹角 $\alpha$，这个角度通常为 $3° \sim 6°$。X 射线源的宽度可计算为 $w\sin\alpha$，因此在入射方向上有效尺寸变为（$0.08\text{mm} \times 10\text{mm}$）~（$0.16\text{mm} \times 10\text{mm}$）。使用线焦点能使较多的入射能量到达试样。

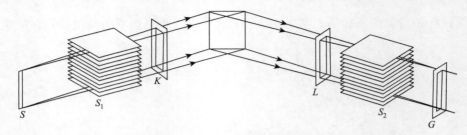

图 2-8　测角仪的光学布置

但是，如果只采用一般的狭缝光阑来限制水平方向的发散，就控制不了射线在轴向的发散，最终会使衍射产生的圆环宽度不均匀。实际上，在此系统中轴向的发散不是由 X 射线靶的高度和狭缝光阑的高度决定的，而是由两个梭拉光阑 $S_1$ 和 $S_2$ 对入射线和衍射线的轴向发散加以限制。

梭拉光阑是由许多相互平行、间距很小且对 X 射线高度吸收的金属薄片（如钽或钼）所组成。金属薄片将 X 射线分解成若干平行的光束，而每一个切片光束在轴向上的发散都被限制在金属薄片的间距范围内。此种方法可消除线焦点发出 X 射线轴向发散所产生的像差，因此可有效提高分辨能力，但不可避免的是金属薄片对 X 射线的吸收会导致其强度下降约 50%。梭拉光阑一般长度为 30mm，薄片的间距小于 0.5mm，薄片厚度为 0.05mm。从图中的几何关系，可推得

$$\Delta = \tan^{-1}\frac{S}{l} \qquad\qquad (2\text{-}14)$$

式中，$S$ 为金属薄片的间距；$l$ 为光阑的长度，$\Delta$ 为 X 射线的发散度。当 $S = 0.43\text{mm}$，$l = 30\text{mm}$ 时，可计算出 $\Delta = 0.82°$。

整个光阑系统是由窄缝光阑和梭拉光阑组成的联合光阑系统。射线从 X 射线靶 $S$ 发出，经过梭拉光阑 $S_1$ 和发散狭缝光阑 $K$ 后到达垂直放置的试样表面，随后产生的衍射线又依次经过防散射狭缝光阑 $L$、梭拉光阑 $S_2$ 及接收狭缝光阑 $G$，最后被计数器吸收。狭缝光阑 $K$ 可限制入射 X 射线的水平发散，狭缝光阑 $L$ 可限制衍射线的水平发散，狭缝光阑 $G$ 可限制衍射线的聚焦宽度，梭拉光阑 $S_1$ 可限制入射线的轴向发散，梭拉光阑 $S_2$ 可限制衍射线的轴向发散。这些光阑的存在可使固定量的 X 射线进入计数器，在保证光路的同时可以提高分辨率。

从图 2-8 中可以得到，当 $\theta$ 很小时，入射 X 射线和样品表面的倾斜角也很小，此时只需很小的入射线发散度。而当 $\theta$ 增大时，试样表面被照射的宽度变大，也就需要更大角度的狭缝光阑。但是，在实际测量时狭缝光阑的发散度不会变化，因此要选择较宽的狭缝，才可保证在 $2\theta$ 范围内入射线的照射面积不大于试样的表面积。而较宽的狭缝可使更多的 X 射线通过，造成清晰度下降。虽然 X 射线衍射相对积分强度受光阑狭缝宽度的影响，但是所有角度的衍射线强度都是同比例变化的。

## 2.2.3　测量方法及参数选择

### 1. 测量方法

衍射仪的测量方法主要有连续扫描法和步进扫描法两种扫描方式。

（1）连续扫描法：计数器和计数率仪连接后，计数器和样品连动进行转动以获得在给定的 $2\theta$ 范围内不同衍射角，以及它所对应的衍射强度。这种方法的特点是扫描的速度快，但精度要求却不高，因此通常用于物相的定性分析。

（2）步进扫描法：先让计数器和定标器连接，计数器在起始角度不动，然后通过定时计数以得到该角度处的衍射强度。随后计数器开始按设定的步进间隔和步进时间转动，在每个角度下都重复第一个步骤的测量，因此最终会获得相隔相同步长的 $2\theta$ 对应的衍射强度。这种方法测量的时间较长，优点是精度比上一种连续扫描法高，因此它通常用来进行定量分析，如应力分析和点阵参数的精确测定等。

### 2. 参数选择

实验参数的选择关系衍射强度的高低、峰背比的大小、衍射线峰形和位置的准确度，因此选择合适的实验参数是获得精确实验结果的必要前提。以下对 X 射线取用角、狭缝宽度、扫描速度和时间常数做一些分析。

#### 1）X 射线取用角 $\alpha$ 的选择

根据上一小节的分析可知，测角仪中的 X 射线靶一般为线焦点，且其长边平行于测角仪的轴向。当 X 射线的取用角为 $\alpha$ 时，其宽度可计算为 $w\sin\alpha$。因此当取用角 $\alpha$ 变小时，线焦点实际表现出来的宽度也会减小，X 射线衍射的分辨率会提高而衍射强度却降低了。因此，取用角 $\alpha$ 大小会同时影响衍射的强度和分辨率，但方向却不同。当 $\alpha=3°\sim6°$ 时，可同时获得较高强度和较好分辨率的图像。

#### 2）狭缝宽度的选择

发散狭缝是为了限制 X 射线在水平方向的发散而设置的。当发散狭缝的宽度过大时，虽然可以提高 X 射线的强度，但角度较小会使入射到试样上的 X 射线宽度增大到超过试样表面而照射到外面。因此，在定量分析时要获得强度足够的入射 X 射线，需要根据扫描范围选择合适的发散狭缝宽度。而在定性分析时，一般选用(1/2)°的狭缝，对于小角测试则需要选择更小的(1/6)°的狭缝。接收狭缝通常决定了衍射线的分辨率，如图 2-9 所示，当其宽度减小时会使分辨率提高而衍射强度下降。在定性测试时接收狭缝的宽度一般选择 0.3mm，而要获得更加复杂的谱线时接收狭缝宽度要减小到 0.15mm 左右。防散射狭缝的作用主要是防止空气的散射线进入测角仪，因此它的宽度需与发散狭缝的宽度相同。

#### 3）扫描速度的选择

扫描速度是指接收狭缝及计数器在测角仪上转动的角速度，单位是(°)/min。虽然增大扫描速度可以节约测试时间，但会导致测得的射线分辨率和强度都下降，并会产生峰位偏移和峰形变宽等一系列问题。因此在一般的物相定性分析时，

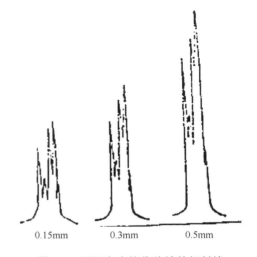

图 2-9　不同宽度接收狭缝的衍射峰

扫描速度通常为 2(°)/min 或 4(°)/min。而在定量分析和点阵参数的测定等要求精度较高的情况下，需降低扫描速度，一般为 0.5(°)/min 或 0.25(°)/min。

4）时间常数的选择

使用计数率仪和记录仪时，计数率实际是在一定时间间隔内的平均值，通常用时间常数 $\tau$ 来表示。在计数率相同的情况下，时间常数越小相对误差就越大，因此在最终测得的曲线上的起伏就越大，这不利于对强度低的衍射线的识别。而增大时间常数虽然会使统计误差减小从而使衍射线变得更加平滑，但却会同时使强度和分辨率降低，也会造成衍射线的偏移和宽化。选择时间常数时通常可使用以下公式。

当进行物相分析时：

$$\frac{\omega\tau}{r} < 10 \tag{2-15}$$

当进行点阵参数测定和定量分析时：

$$\frac{\omega\tau}{r} \approx 2 \tag{2-16}$$

式中，$\tau$ 为时间常数，s；$\omega$ 为扫描速度，(°)/min；$r$ 为接收狭缝的宽度，mm。

综上所述，可将参数的变化对实验结果的影响总结为表 2-1。

**表 2-1　参数的变化对实验结果的影响**

| 参数 | 分辨率 | 衍射强度 |
| --- | --- | --- |
| 取用角 | 减小 | 增大 |
| 狭缝宽度 | 减小 | 增大 |
| 扫描速度 | 减小 | 减小 |
| 时间常数 | 减小 | 减小 |

## 2.2.4　X 射线源

实验室用 X 射线源一般是令高速的电子束激发金属靶发出的 X 射线。X 射线发生器的主要部件就是 X 射线管，它的主要发展历程为可折式到封闭式再到旋转阳极可折式。封闭式的 X 射线管的功率从最初的几百瓦发展到如今的 2000～4000W，而旋转阳极可折式的 X 射线管的功率也从几千瓦发展到几十千瓦。当高能的电子束撞击金属靶时，靶元素原子的电子和电子束发生能量交换，便激发得到了 X 射线。X 射线管产生的 X 射线有不同波长、强度的辐射，根据波长和强度的不同可将 X 射线谱分为连续 X 射线谱和特征 X 射线谱。

当高速的电子撞向金属靶的表面时，大部分电子的动能都转化成热能，只有不到百分之一的动能转化为 X 射线光能，因此产生了 X 射线。电子减少的能量 $\Delta E$ 转化为 X 射线光量子辐射出来，且满足 $h\nu = \Delta E$。电子的数量极其巨大导致不同电子损失的能量有所不同，也就产生了不同波长和数量的光量子，最终形成了连续分布的 X 射线谱。若真空

X 射线管中的电压为 $V$，则带电荷为 $e$ 的电子在其中的能量为 $eV$，也就是说产生 X 射线光量子的最大能量是电子的动能全部转化为光量子的能量。结合前面的能量公式，则有

$$eV = \frac{1}{2}m_{\mathrm{e}}v^2 = h\nu_{\max} = \frac{hc}{\lambda_{\min}} \tag{2-17}$$

式中，$m_{\mathrm{e}}$ 为电子的质量；$v$ 为电子的速度。此时光量子的频率最大，而波长最短。$\lambda_{\min}$ 为管电压为 $V$ 时连续谱的短波限。从式（2-17）可推出短波限的计算公式

$$\lambda_{\min} = \frac{hc}{eV} = \frac{12.398}{V} \tag{2-18}$$

在连续 X 射线谱中靠近短波限的地方有一个最大强度值，它所对应的波长大约为短波限的 2.5 倍。连续 X 射线谱的功率 $P$ 与管电流 $i$、管电压 $V$ 及靶元素原子序数 $Z$ 有关：

$$P = kZiV^a \tag{2-19}$$

式中，$k$ 为常数，当管电流的单位为安培而管电压的单位为伏特时，$k$ 的值为 $2.5 \times 10^{-6}$，$V$ 的指数 $a$ 为 2。

根据式（2-18）和式（2-19）可得出连续 X 射线谱的规律（图 2-10）：

（1）对同一靶元素，随着 X 射线管电压的增加，所有波长的射线的强度都同时增大，而短波限 $\lambda_{\min}$ 和最大强度波长 $\lambda_{\max}$ 都减小。

（2）如果管电压不变而增加管电流，所有波长的射线的强度都同时增大，但是短波限 $\lambda_{\min}$ 和最大强度波长 $\lambda_{\max}$ 不会改变。

（3）只改变阳极靶元素时，各波长的射线的强度会随原子序数的增大而增大。

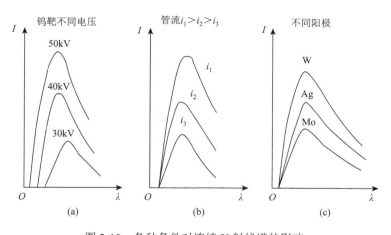

图 2-10　各种条件对连续 X 射线谱的影响

在一定的管电压之内，只会产生连续 X 射线。但当管电压升高到超过某一个临界激发电压之后，连续射线谱会发生明显的变化，在某个特定的波长处强度突然增大。这些谱线反映了靶材料的特点，因此被称为特征 X 射线，又称为标识 X 射线。特征 X 射线的特点是位于特定波长处，峰值强度高、波长范围窄，而且由阳极靶材料的原子序数决定。特征 X 射线谱是叠加在连续 X 射线谱上的。

特征 X 射线产生的原理可从原子的结构导出。原子中原子核在中心，而电子则分布在周围的不同壳层上。由原子的壳层结构可知，外围的电子壳层分别为 K、L、M、N，它们分别对应于主量子数 $n = 1$、2、3、4。这些电子壳层距原子核的距离是由近及远的，而它们的能量却是由低到高的，因此电子总是先占据能量较低的壳层然后再占据能量高的壳层。

当管电压足够大时，电子束的动能也非常大，当它们撞击到靶上的原子时会将某些内层电子撞击出它原来的壳层，整个原子也就从基态变为激发态。电子离开了原来的壳层会使此处产生一个空位，而在较高能级上的电子的能量较高就会跃迁到能量低的能级上，从而填充空位，同时会释放出能量。这些能量其实就是电子跃迁的两个能级的能量差，而对于确定的原子，它每个能级的能量差是量子化的。因此当释放出的能量成为 X 射线时，它们的波长也是量子化的，且由靶材料的原子决定。

从以上分析可推出，当最内层的 K 层电子被撞出时，其外层的 L、M、N 层的电子都有可能跃迁到此处，就分别产生了 $K_\alpha$、$K_\beta$、$K_\gamma$ 谱线（图 2-11），它们合称为 K 系谱线。要产生这种 K 系谱线的前提条件就是管电压足够大，以至于将 K 层的电子撞出。同理，若 L、M 层的电子被撞出后空位被更高能级电子占据，就分别产生了 L 系、M 系谱线。事实上，在每个能级上还存在分能级。例如，当分能级 $L_1$、$L_2$ 上的电子跃迁到 K 能级上时，会分别产生 $K_{\alpha1}$、$K_{\alpha2}$ 谱线。但是分能级 $L_1$ 和 $L_2$ 的能量差很小，也就导致 $K_{\alpha1}$ 和 $K_{\alpha2}$ 谱线所对应的波长相差很小。因此通常将它们看成一条谱线，都由 $K_\alpha$ 来表示。

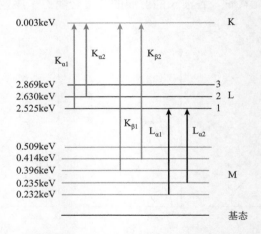

图 2-11　电子跃迁产生特征 X 射线的示意图

莫塞莱（Moseley）研究出了特征谱线频率与原子序数的关系：

$$\sqrt{\nu} = K(Z - \sigma) \tag{2-20}$$

式（2-20）为莫塞莱定律，它反映特征谱线频率的平方根与阳极靶的原子序数呈线性关系。式中，$K$ 为常数；$\sigma$ 为屏蔽因子。

特征 X 射线谱的强度要远远大于连续 X 射线谱，这使得其具有明显的衍射峰，因此对 X 射线衍射的研究通常要通过特征 X 射线来进行。要获得 K 系谱线所需能量很大,也就是需要很大的管电压。将激发出 K 系谱线所需的最低电压称为 K 系激发电压($V_k$)。而为了获得强度更高的 K 系谱线,一般工作电压要比 K 系激发电压高 3~5 倍。X 射线衍射中常用靶材料的特征谱线如表 2-2 所示。

**表 2-2　常用靶材料的特征谱线**

| 靶元素 | 原子序数 | $K_\alpha$谱线对应波长/Å | $K_\beta$谱线对应波长/Å | K 吸收限/Å | $V_k$/kV | 工作电压/kV | β 滤波片 | 原子序数 |
|---|---|---|---|---|---|---|---|---|
| Cr | 24 | 2.2909 | 2.08480 | 2.0702 | 5.98 | 20~25 | V | 23 |
| Fe | 26 | 1.9373 | 1.75653 | 2.7435 | 7.10 | 25~30 | Mn | 25 |
| Co | 27 | 1.7902 | 1.62075 | 2.6082 | 7.71 | 30 | Fe | 26 |
| Cu | 29 | 1.5418 | 1.39217 | 2.3806 | 8.86 | 35~40 | Ni | 28 |
| Mo | 42 | 0.7107 | 0.63225 | 0.6198 | 20.00 | 50~55 | Zr | 40 |
| Ag | 47 | 0.5609 | 0.49701 | 0.4859 | 25.52 | 55~60 | Rh | 45 |

X 射线发生器是可以提供 X 射线源的机械、电器、电子装置系统,是由 X 射线管、高压发生器、稳压稳流系统、控制操作系统、水冷系统等组成的。其中 X 射线管是 X 射线发生器的关键部件。它是一个特殊的高真空二极管,包括发射电子的热阴极、使电子束聚焦的聚焦套及阳极靶三个部分。阴极发射的电子束经过高压加速后撞击阳极靶,其大部分的能量转化为热能,而只有约百分之一的能量转化为 X 射线,因此阳极靶必须使用水进行冷却。阳极呈负高压状态,且与大地相连。从阳极靶发射的 X 射线会向周围空间发散,而当角度为 6°时可以获得最强的 X 射线,因此需要在这个方向上开两个或四个窗口让射线出来。靶面的焦点形状由灯丝的形状直接决定,它的尺寸一般有0.4mm×8mm、1mm×10mm 和 1mm×12mm 三种。而射出的有效焦点则是在之前分析的在 6°方向的投影,如图 2-12 所示,可分为线焦点和点焦点两种。用照相法时一般使用点焦点(除了四重照相机),而粉末衍射仪采用线焦点。图 2-13 为旋转阳极靶的示意图。普通 X 射线的焦点尺寸一般为毫米级,而要求获得高分辨率的 X 射线需将焦点尺寸控制在100μm 以下。主要方法是将电子束用电磁透镜聚焦到靶面上,这样就可以产生呈球面发散的 10μm 点焦点 X 射线源。

(a) 点焦点源　　　　　　　　　(b) 线焦点源

图 2-12　焦点形状

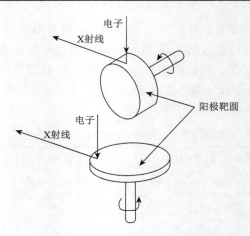

图 2-13　两种旋转方式的阳极靶

## 2.2.5　探测器及记录系统

### 1. 探测器

X 射线探测器就是接收 X 射线，然后将其转化为可测量的量，如电子脉冲等。随后将这些可测量的量通过电子测量装置进行测量。因此，X 射线探测器也是 X 射线衍射仪的重要组成部分，直接决定了测量结果的好坏。X 射线探测器主要包括盖革计数器、正比计数器、闪烁计数器，以及一维和二维位敏探测器。

盖革计数器和正比计数器都是气体计数器。它的外壳是玻璃，而内部充满了各种各样的气体，如氩气、氖气等惰性气体。而铍或者云母等低吸收系数材料用于制造其窗口。计数器的阴极是一个金属筒，而阳极为在中心的金属丝，阴阳极之间存在电位差。计数器的基本构造如图 2-14 所示。当计数器工作时，在两极之间加上高电压，X 射线从窗口进入计数器而使管内的气体电离。气体电离后会产生正离子和电子，在电场的作用下，正离子向阴极漂移，电子向阳极加速运动。而在电子运动的时候又会继续使气体电离，就产生了更多的电子。最终引起了"雪崩式"的全体积放电，这样就会在很短的时间有

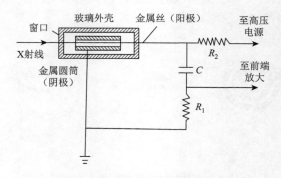

图 2-14　正比计数器的基本构造

大量的电子到达阳极，因此在探测电路中就产生了电流。而这些电流又通过电子脉冲的方式被记录下来，也就实现了计数的功能。

一个 X 射线光子可产生若干个电子，它的放大作用可用式（2-21）表示：

$$G = \frac{N}{n} \tag{2-21}$$

式中，$N$ 为离子对收集数；$n$ 为进入计数管的 X 射线光子的数目；$G$ 为气体放大因子。根据计数器的原理可知，当进入的 X 射线光子数目不变时，增加计数管两极之间的电压可以增加电离电子的数目，气体放大因子也随之变大。离子对收集数与电压的关系如图 2-15 所示。从图中可以看出，当施加较低的电压时，电离室没有放大作用。当电压继续增大到 600～900V 时，气体放大因子变为 100～$10^5$，此时电子处于"雪崩"的状态，因此被称为雪崩区。由于此时气体放大因子与电压成正比，利用此区间电压制成的计数器被称为正比计数器。当电压继续升至 1000～1500V 时，气体放大因子也升高至 $10^7$～$10^8$，此时计数管进入了电晕放电区，而气体中的各种相互作用更加复杂，因此产生了更多的电子。在此区的电压下制成了盖革计数器。而在电离室至正比计数器的区间，以及正比计数器和盖革计数器之间还存在过渡区，但是这两个区间不适合做成计数器。

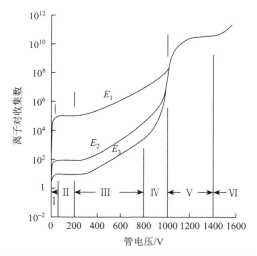

图 2-15　气体计数器中离子对收集数与管电压的关系

I. 复合区；II. 饱和区；III. 正比区，$N = N_0M$，其中，$N_0$ 为 X 射线光子所产生的初始电离的离子对数；$G$ 为气体放大因子；
IV. 有限正比区，$N \gg N_0$；V. 盖革计数器工作区；VI. 连续放电区

盖革计数器是目前最简单也是最早使用的 X 射线探测器，具有构造简单、输出脉冲幅度大，以及对一定范围内的 X 射线探测灵敏度较高等优点。但是它没有能量甄别的作用，且死时间较长，因此被闪烁计数器和正比计数器所取代。

正比计数器中的脉冲和进入其中的光量子的能量成正比，因此可以很好地反映衍射强度的大小。正比计数器没有盖革计数器的死时间，因此反应速度很快，大约为 $10^{-6}$s。它具有能量分辨率高、光子计数效率高、背底脉冲低和性能稳定等特点。但是正比计数器对温度很敏感且需要高度稳定的电压，在雪崩放电时的电压瞬时降落就只有几毫伏。

　　闪烁计数器的原理与正比计数器和盖革计数器有很大的不同。它主要是先将 X 射线转化为可见光，然后再转化为电子才可以测量。真空闪烁计数器的构造与原理示意图如图 2-16 所示。从图中可知，它的主要部件为闪烁晶体和光电倍增管。闪烁晶体一般为含 0.5% Tl 的 NaI 单晶体，它被 X 射线照射后会发射蓝光。这种 NaI(Tl)晶体的性质如表 2-3 所示。在晶体外面包裹着一层铍和一层铝，铍能阻挡可见光的进入但可以让 X 射线透过，而铝能使晶体发出的光反射在光敏阴极上。

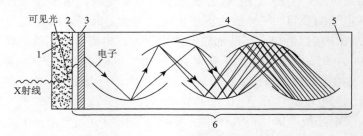

图 2-16　真空闪烁计数器的构造与原理示意图
1. NaI(Tl)晶体；2. 玻璃；3. 光敏阴极；4. 倍增极；5. 收集极；6. 光电倍增管

**表 2-3　　NaI(Tl)晶体的性质**

| 晶体颜色 | 发射波长/Å | 吸收波长/Å | 荧光衰减时间/μs | 密度/(g/cm$^3$) | 折射系数 |
| --- | --- | --- | --- | --- | --- |
| 无色透明 | 4100 | 2930，2940 | 0.25 | 3.67 | 1.77 |

　　当 X 射线经过铍和铝层进入闪烁晶体时，会被吸收并且激发出许多可见光光子。这些可见光光子经过中间的玻璃进入光敏阴极又会被吸收而产生大量的光电子。在光敏阴极和第一光电倍增极之间存在电位差，因此这些光电子被加速又撞向第一光电倍增极。第一光电倍增极上又会被激发出更多的电子，以此来达到放大信号的作用。而在这之后每一个光电倍增极上都会发生这种现象，也就会激发出越来越多的电子。一般相隔的两个光电倍增极的放大倍数相差 4~5 倍，在整个光电倍增管中拥有 8~14 个光电倍增极，因此总放大倍数会超过 $10^6$。在闪烁计数器的最后会得到大量的电子，而产生电流脉冲。

　　闪烁计数器对短波 X 射线有很高的探测效率，它对较重元素的探测效率甚至可以接近百分之百。但是它却不适宜对轻元素分析，因为闪烁晶体对长波 X 射线的发光效率很低，当 X 射线的波长超过 3Å 时就已经完全不能用了。闪烁计数器的作用时间可快到 $10^{-8}$ 的数量级，因此即使在计数率小于 $10^5$ 次/s 时还可以使用。即使在没有 X 射线进入闪烁计数器时还是会产生电流脉冲，这主要是因为光敏阴极的热离子发射而产生的电子，这也是闪烁计数器背底脉冲较高的原因。而且闪烁计数器还有对温度较敏感、受震动易破坏和价格贵等缺点。因此，如果在要求较为精确的定量测量时，还是会使用正比计数器而不是闪烁计数器和盖革计数器。

　　一维和二维位敏探测器实质上就是气体正比计数器，由于它们可精确地测定 X 射线的位置，所以称为位敏探测器。

　　与普通的正比计数器不同的是，一维位敏探测器的阴极不是圆筒，而是变成了与阳极丝平行的等距的若干个金属条。在计数器外面还有一条螺旋的延迟线，延迟线的两端都连着放大器，而且阴极等距地连接在延迟线上，如图 2-17 所示。当一个 X 射线光子摄入计数器时，会让该位置上的气体发生电离。电离出的电子和气体正离子会在电场作用下分别向阳极和阴极运动。这种气体正比计数器中的电子仅会在竖直方向上运动，也就是不会运动到管子的其他位置，因此说它是位置灵敏的。电子仅在一个方向运动的后果是最终电子在阳极上的此位置会产生脉冲，这一脉冲会顺着延迟线输出到两端的放大器。但脉冲到达两端的时间是不同的，这由脉冲产生的位置所决定。设脉冲在阳极上产生的位置为 $p$，脉冲到两端的距离分别为 $l_1$ 和 $l_2$，脉冲在单位延迟线上所产生的延迟时间为 $t_D$，而延迟线总长度为 $L$，那么

$$l_1 = t_D p, \quad l_2 = t_D(L - p) \tag{2-22}$$

所以

$$l_2 - l_1 = t_D(L - 2p) \tag{2-23}$$

因此，若知道 $l_2 - l_1$ 就可推出 X 射线光子的位置。如果 $p > L/2$，那么 $l_2 - l_1$ 就是负值。因此可以在 $l_2$ 上再加上一个 $t_D L$，即 $l_2' = l_2 + t_D L$，就可得到

$$l_2' - l_1 = 2t_D(L - p) \tag{2-24}$$

如此就可使该值恒为正值。

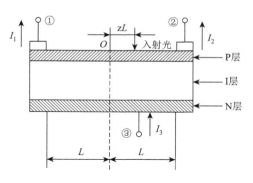

图 2-17　一维位敏探测器结构示意图

①表示输入电极；②表示输出电极；③参比电极；$I_1$ 和 $I_2$ 表示光电流；$I_3$ 表示总光电流；$L$ 表示电极间距；$zL$ 表示入射光与几何中心的距离；最上一层是 P 层，下层是 N 层，中间插入较厚的高阻 I 层，形成 P-I-N 结构

　　二维位敏探测器的基本原理与一维位敏探测器的相同，图 2-18 为多丝正比二维位敏探测器的构造示意图。这种探测器主要由三层金属丝所组成。其中在水平和垂直方向上各有一层阴极丝，这些阴极丝的直径为 50μm，它们连着自己的延迟线，因此类比一维位敏探测器可以根据脉冲直接确定 $X$ 和 $Y$ 坐标，就可得到 X 射线进入探测器面上的位置。而在这两层阴极丝之间还存在一层与它们分别呈 45°角的阳极丝，它的直径一般为 15～25μm。其中每个面上的金属丝相距 1～3mm，而面与面之间间距为 3～10mm。通过入射 X 射线电离气体而产生的脉冲会从这里汇集到总的输出，以获得脉冲高度信息。此外，还有直接利用阳极读出的多丝二维探测器。

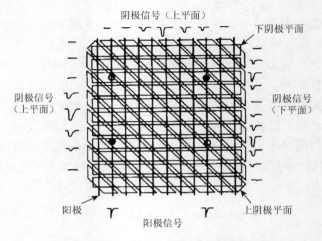

图 2-18　多丝正比二维位敏探测器示意图

目前常用的能量探测器一般是半导体探测器，它利用在 P 型 Si 或 Ge 中进行 Li 漂移的技术，形成了 PIN 型探测器，通常写为 Si（Li）和 Ge（Li）。这种探测器利用 Li 来补偿 P 型半导体中的受主杂质，可以在耗尽区形成稳定的电子-空穴对，因此材料的反向漏电流极低（$<10^{-12}$A）。这种因 $Li^+$漂移形成的补偿区比正常的耗尽区要大得多，探测器的作用范围变大且可承受很大的反向偏压，因此探测灵敏度很高。形成的这个实际的作用区因导电性质接近本征导电，因此被称为本征区，即 I 区，利用此材料制成的能量探测器是 PIN 型探测器。之所以要选择 Li 作为补偿材料，是因为其离子半径很小，容易漂移穿过半导体晶格。但是 Li 的补偿作用在室温下不稳定，因此使用液氮抑制其热激发导电。

能量探测器的工作原理：只在探测器两侧施加电压时不会有电流产生，但如果有 X 射线光子射入 PN 结中间的本征区时，会产生许多电子-空穴对。这些电子和空穴在电压的作用下，会加速向 P 层和 N 层运动。这时会产生一个脉冲，并被外电路的电容所收集。因此一个 X 射线光子就会产生一个脉冲，又会以变化的电压呈现在电容上。这样既可以根据脉冲的高度来确定 X 射线的波长，又可以根据脉冲的数量来确定 X 射线的强度。因此这种探测器是可以分别探测入射 X 射线的能量和强度的能量探测器。表 2-4 对正比计数器、闪烁计数器和能量探测器进行了比较。

表 2-4　正比计数器、闪烁计数器和能量探测器的比较

| 指标 | 正比计数器 | 闪烁计数器 | 能量探测器 |
|---|---|---|---|
| 放大倍数 | $10^6$ | $10^6$ | |
| 一个 X 射线产生的电子数 | 305 | 161 | 2116 |
| 输出脉冲的幅度 | $10^{-3}$ | $10^{-3}$ | |
| 使用的波长范围/nm | 0.03～0.4，0.07～1 | 0.01～0.4 | >0.04 |
| 最大计数率/(次/s) | $10^5$ | $10^6$ | $10^4$ |
| 本底/(次/s) | 0.5，0.2 | 10 | |
| 能量分辨率/% | 15（Cu $K_\alpha$） | 45（Cu $K_\alpha$） | 5（Cu $K_\alpha$） |

面探测器又称为二维探测器，之前的二维位敏探测器就属于面探测器的一种，除此之外还有成像板探测器和电荷耦合探测器。

成像板是用塑料薄膜制成，厚 0.5mm，其上涂有掺铕的卤化钡的光致激发磷光体（$BaFBr : Eu^{2+}$）粉末。磷光体粉末混合有机黏合剂黏在塑料薄膜上，涂层的厚度约为 150μm。成像板的工作原理如图 2-19 所示。当 X 射线照射到成像板时，会使 $Eu^{2+}$ 电离成 $Eu^{3+}$，而电离出的电子会进入磷光晶体的导带。这个电子进入因掺入溴原子而形成的电子空位，形成氟心的暂时色心。用大剂量的可见光曝光成像板，会使捕获在氟中心的电子返回到磷光晶体的导带上，这个过程又使 $Eu^{3+}$ 转化成原来的 $Eu^{2+}$，于是 $Eu^{2+}$ 就发射出光来。由于这种光致激发发光的响应时间很短，利用激光扫描在几十秒的时间内可读出 400 万～600 万个成像数据。成像板受激发出的光可用光电倍增管接收，光电倍增管的输出信号经对数放大后，再转换成数字成像信号。用大剂量可见光照射的方法可以完全抹掉板上残留的潜像，以此达到重复使用的目的。成像板探测器具有分辨率高、动态范围宽广、探测量子效率高、响应均匀性变化小和可直接获得成像数据等优点。

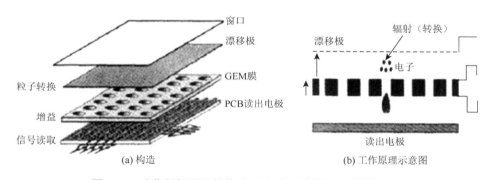

图 2-19　成像板探测器的构造（a）和工作原理示意图（b）

电荷耦合探测器的主要部件是电荷耦合器件（charge coupled device，CCD）。CCD 实际上就是一个金属-氧化物-半导体的电容或者是 PN 结光电二极管。电荷耦合探测器是由很多 CCD 单元排列在二维平面上组成的面探测器。它的工作原理是：当 X 射线照射 CCD 时，会在半导体中产生电子-空穴对。电子则会在电场的作用下进入半导体的耗尽区，被其中的势阱所捕获而成为电荷，因此势阱中的电子数与入射 X 射线的强度成正比。在整个面上入射在不同位置的 X 射线会在其对应位置激发成电子而存储在电容中，整个 X 射线谱形成潜像。最终电子电路将这个潜像所存电荷取出并读出来。

前面所提到的探测器都是单点式的，只有经过扫描才可以收集到一维的数据。而阵列探测器是将很多个探测器按顺序排列成一维或二维形成的，这种探测器既能记录在所有位置上的 X 射线的能量和 X 射线光子的数目，又可以按照位置输出 X 射线的强度。

一维阵列探测器由排成一列的 100 个像元组成，而且其中的每一个像元都相当于一个单独的计数器可以进行计数。一维阵列探测器的扫描过程如图 2-20 所示。在扫描时，每经过一个方向所有的像元都会进行探测。如果测量到衍射方向，所有的探测器会同时记录一次这个方向，此时记录下的强度即 100 个探测器单独记录的加和。因此这种一维阵列探测器记录的强度比单个提高了 100 倍，灵敏度提高了 10 倍并且噪声低。

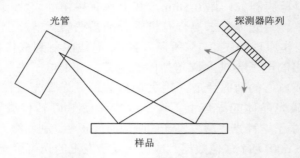

图 2-20　一维阵列探测器的扫描过程

二维阵列探测器是双层结构的，一层为硅二极管阵列，另一层为计数电路阵列。每一个二极管都单独和一个计数电路连接。一个二极管就是一个像元，它的尺寸为 150μm×150μm。一个模板由 50×50 个像元组成，而整个探测器由 20×20 个模板排列组成。因此在一个二维阵列探测器中共有 1000×1000 个像元，它的尺寸为 15cm×15cm。这种二维阵列探测器具有很高的计数效率（对 Cu K$_\alpha$ 辐射为 95%）、极好的线性范围（0～10$^9$ 次/s）及非常好的分辨率。由于这种二维阵列探测器比常用的正比计数器、成像板探测器和电荷耦合探测器等性能更加优异，仍在不断发展中。

大面积平板探测器主要分为非晶硅和非晶硒两种，它们的基本结构如图 2-21 所示。非晶硅平板探测器是由闪烁层、非晶硅光电二极管阵列、TFT 电路及信号读取与处理部分组成。当 X 射线入射到探测器上时，闪烁层将 X 射线转化为可见光，在这之后非晶硅光电二极管将可见光转化为电信号后再被记录和读取。而非晶硒平板探测器则用非晶硒层代替了闪烁层和光电二极管，入射的 X 射线可被非晶硒层直接转化为电信号。

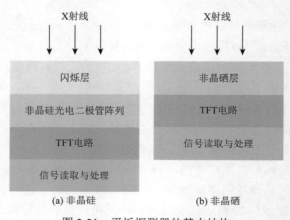

图 2-21　平板探测器的基本结构

非晶硅平板探测器的闪烁层是掺铽的硫氧化钆（Gd$_2$O$_2$S：Tb）陶瓷闪烁体或者掺铊的碘化铯（CsI：Tl）晶体，闪烁层的材料和制作工艺与量子探测效率密切相关。非晶硅可以免疫射线，因此是一种可靠的 X 射线接收材料。而非晶硒平板探测器虽然在理论上具有比非晶硅平板探测器更高的探测效率，但由于噪声较大、对温度敏感及需要对 TFT 电路有影响的高电压，在实际应用中会有不小的限制。

2. 记录系统

记录系统是指记录探测器输出的脉冲的系统，由一系列的部件组成。图 2-22 为记录系统的组成示意图。当探测器将 X 射线光子转化为电荷脉冲之后，前置放大器先进行阻抗转换，然后主放大器再放大。放大的信号进入脉冲波高分析器进行脉冲选择，将过高和过低的脉冲过滤掉，再将脉冲输入到定标器或计数率仪中。经过定标器或计数率仪的脉冲最终被输出到计算机上。下面对其中的主要部件脉冲波高分析器、定标器和计数率仪做简单介绍。

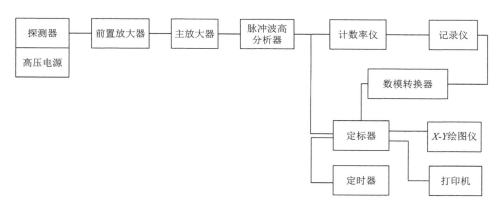

图 2-22　记录系统的组成示意图

1）脉冲波高分析器

从探测器接收到的脉冲信号除了所需要的特征 X 射线的信号，还有许多如连续辐射和各种散射等无用的脉冲信号。这些信号会在衍射谱图中增加背底，对特征 X 射线的分析带来影响，因此必须利用一定的方法将它们去除。探测器产生的脉冲信号波高与入射 X 射线光子的能量成正比，可以通过限制波高来限制波长，以此筛选出所需的波长范围，这就是脉冲波高分析器所采用的原理。

脉冲波高分析器由上下甄别器等部分组成，上下甄别器分别可以限制过高或过低的脉冲通过，因此可以起到去除背底的作用。由于不同靶材料产生的特征辐射的波长是不同的，所以要根据靶材料来调整上下甄别器的阈值。上下甄别器阈值的差值称为道宽，下甄别器的室温阈值称为基线。脉冲波高分析器有两种电路，分别是积分电路和微分电路。积分电路可以使超过基线的脉冲通过，而微分电路只允许在道宽之内的脉冲通过。采用脉冲波高分析器后得到的 X 射线的谱线峰背比明显提高，因此谱线的质量得到了改善。

2）定标器

由脉冲波高分析器输出的脉冲进入定标器，会记录在确定的时间间隔的脉冲数。定标器有两种工作方式：定数计时和定时计数。定数计时是测量到达预定计数 $N$ 所需时间，而定时计数是测量在预定的时间 $T$ 内的计数。一般采用定时计数的方式，是因为可以直接看出总数目 $N$。而当比较不同 $2\theta$ 角所对应的衍射强度及不同试样的衍射强度时，会使用定数计时的方法。不同角度或试样的衍射强度相差较大，采用定时计数会导致得到的误差较大。

　　3）计数率仪

　　脉冲波高分析器产生的脉冲也可进入计数率仪。与定标器测量一定时间间隔的脉冲数不同，计数率仪的作用是将在一定时间间隔内的脉冲加和后除以时间求得平均值，也就是可以直接连续地测出平均计数率。计数率仪由脉冲整形电路、RC 积分电路和电压测量电路组成。脉冲波高分析器所输入的脉冲经过整形电路后会产生矩形的脉冲，这时它会具有高度和宽度。这些矩形脉冲随后被送到 RC 积分电路，在这里又会被转化为平均的直流电压值，而后被电压测量电路测量后记录。

　　最后经过定标器或计数率仪测量得到的数据会被自动记录在计算机的硬盘上，文件的后缀名一般为.raw。这种数据可以导入 Jade 中进行分析和处理，如物相检索，谱图拟合，结构精修，分析晶粒大小、微观应变、残余应力及物相定量等。也可将这种.raw 文件再转化为.txt 文件，然后放到 Origin 中进行作图。

## 2.2.6　单色器

　　在衍射 X 射线进入计数器之前为了去除连续辐射线和 $K_\beta$ 辐射线，获得单色辐射以提高衍射花样的质量，需要使用单色器。常见的单色器除了之前提到的脉冲波高分析器，还有滤波片和晶体单色器。

　　滤波片的吸收材料的 K 吸收限要恰好位于阳极靶产生的 $K_\alpha$ 和 $K_\beta$ 谱线的波长之间，这样才可以使其将 $K_\beta$ 谱线完全吸收，而 $K_\alpha$ 吸收得很少，从而得到单色 $K_\alpha$ 辐射，起到单色化的作用。选取哪种滤波片，取决于它能否完全吸收 $K_\beta$ 波长及 $K_\alpha$ 所能通过的程度。例如，当阳极靶选用 Cu 靶时，它的 $K_\alpha$ 波长为 1.54Å、$K_\beta$ 波长为 1.39Å，因此可以选用 Ni 滤波片，它的吸收限波长为 1.49Å，正好位于 1.54Å 和 1.39Å 之间。

　　滤波片的放置位置有两个：一个是放到接收狭缝 RS 处，另一个是放到发散狭缝 DS 处。大多数情况下是放到接收狭缝处，但是另一些情况下除外。例如，当阳极靶材料是钴而测试材料是铁时，钴的 $K_\beta$ 谱线会激发铁的荧光辐射，因此需将滤波片移到入射的发射狭缝的位置，如此便可以减少荧光 X 射线而降低衍射的背底。

　　滤波片的优点是便宜又简单，但是也存在很多缺点。例如：在过滤 $K_\beta$ 谱线的同时会使 $K_\alpha$ 谱线的强度被削弱；单色化不完全，总是会有一小部分的 $K_\beta$ 谱线透过滤波片；滤波片对波长比 $K_\alpha$ 大的白光的过滤效果差，当波长比 $K_\beta$ 小时也会使过滤效果迅速下降。

　　X 射线衍射仪最常用的单色器是晶体单色器，这种单色器仅允许很窄波长范围的光通过。晶体单色器有很多种，但目前效果最好的是弯曲晶体单色器，这是因为它能获得聚焦精确的 X 射线，同时也能减少强度的损失。它的工作原理如图 2-23 所示。在衍射仪接收狭缝后面放置一个弯曲晶体单色器，这个单色器的某个晶面和衍射线的夹角等于此晶面对 $K_\alpha$ 的布拉格角。因此，试样的 $K_\alpha$ 可以经过单色器的衍射后再进入计数器，而其他衍射线却进不了计数器。虽然衍射仪在不停转动，但接收狭缝、单色器及计数器的相对位置不变，因此还是只有 $K_\alpha$ 才能进入计数器。

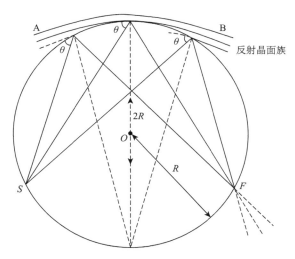

图 2-23　弯曲晶体单色器原理

A 和 B 表示单色器；S 表示入射光程；F 表示反射光程

　　这种晶体单色器可以只让 $K_{\alpha1}$ 和 $K_{\alpha2}$ 通过，并且可以有效地消除荧光背底，还可以让反射线聚焦及提高谱线的峰背比。其实晶体单色器有两种安装方法：一是在入射线光程上；二是在反射线光程上。但是目前常采用的是第二种方法，因为这种安装方法可以有效抑制样品产生的非相干散射、荧光辐射还有空气散射，并且安装和调整也很简便。为了确定晶体单色器的安装位置，可以根据式（2-25）和式（2-26）来计算：

$$D = \frac{R\lambda}{2d} \tag{2-25}$$

$$\theta = \sin^{-1}\left(\frac{\lambda}{2d}\right) \tag{2-26}$$

式中，$D$ 为接收狭缝到晶体单色器中心的位置；$\theta$ 为晶体衍射角的一半；$R$ 为晶体单色器曲率半径的 2 倍；$d$ 为平行晶体表面的面网间距。因此，由 $D$ 和 $\theta$ 就可知道接收狭缝和计数器与晶体单色器的相对位置。

　　在选择用哪种晶体及哪个晶面作为单色器时，通常需要考虑两个因素，即分辨率和反射能力。表 2-5 显示了几种单色器的衍射强度。如果对分辨率要求较高，可以选择二氧化硅等晶体；如果需要较强的反射能力，即获得更高强度的射线，则可以选择热解石墨单晶体，这是因为它的(002)晶面的反射效率要高于其他单色器。晶体单色器的缺点是不能消除 $K_\alpha$ 的高次谐波，例如，$(1/2)\lambda_{K_\alpha}$ 和 $(1/3)\lambda_{K_\alpha}$ 会和 $K_\alpha$ 一起通过单色器且进入计数器。若将晶体单色器与脉冲波高分析器联用，则可以消除这些高次谐波的信号。

表 2-5　几种单色器衍射强度（Cu K$_\alpha$）

| 晶体 | 衍射面 | 衍射强度/a.u. |
|---|---|---|
| LiF | (200) | 93 |
| 石墨 | (0002) | 620 |
| PET | (002) | 115 |
| 金刚石 | (111) | 120 |
| 钼 | (200) | 24 |
| 铜 | (200) | 71 |
| 石英 | (10$\bar{1}$1) | 43 |
| NaCl | (200) | 31 |
| EDDT | (020) | 62 |

注：PET 表示聚对苯二甲酸乙二醇酯；EDDT 表示右旋-酒石酸乙二胺。

## 2.3　原位 X 射线衍射仪在电池中的应用

XRD 是以射线在样品中的衍射效应为基础，通过衍射峰的位置和强度，定性甚至定量地分析物质的晶胞类型、晶体参数、晶体缺陷、不同结构相的组成比例等。使用环境下结构演变规律及反应相变机理是目前新型电池材料研究的重点内容，现阶段常用的离位表征手段，普遍不能反映电池内部真实结构变化过程，尤其是在连续反应的物相表征中，由于不同极片间的物理差异和拆装电池等人为操作过程的影响因素，非原位测试的数据可比性较差，往往不能还原电池材料在充放电过程中的真实状况。而原位 XRD（in-situ XRD）在整个测试过程中是针对同一个电池的相同位置进行测试，得到的信息具有极高的可对比性，能够对材料实现实时、动态、真实的结构表征。根据原位 XRD 谱图中衍射峰位置及强度的变化推测出反应过程中产生的中间产物，为电池在充放电过程中的机理探索提供最直接依据。但由于其测试难度大、设备安装复杂、测试条件苛刻等原因，它并不能被每个课题组采用。但不可置疑的是，原位 XRD 非常适合应用在含碳、氧、氮、硫、金属嵌入等复合物的电化学体系中。

### 2.3.1　具体实例

原位 XRD 技术表征的电极材料的反应机理主要有四种：单相反应（single-phase reaction）、相变反应（phase-transition reaction）、转化反应（conversion reaction）及合金化反应（alloying reaction）。图 2-24 是原位电池示意图和四种反应机理的典型特征示意图。在单相反应中，没有新峰出现，只有原有峰发生位移。在相变反应中，不仅仅出现原有峰的位移，最明显的现象是循环过程中原有峰强度减弱并出现新峰。新峰是由原有峰在不连续的过程逐渐形成的，新峰和原有峰在一定时间内同时存在，因此存在两相区。发生的相变一般是可逆或准可逆的，循环后不会带来颗粒粉化。在转化反应中，离子嵌入过程中新相形成，原有相消失，表现为在原位 XRD 谱图中出现几个明显的新峰，同时原有峰消失，表明原有物质转化为其他物质。新的物相不能完全恢复原相，循环后总是出现颗粒粉碎，说明转化反应一般不可逆。至于合金化反应，它只针对锡（Sn）、铋（Bi）、锑（Sb）、锗（Ge）和其他类似元素。在反应过程中，金属离子与电极材料发生反应，而不会改变其成分，通常产生的新相是合金。

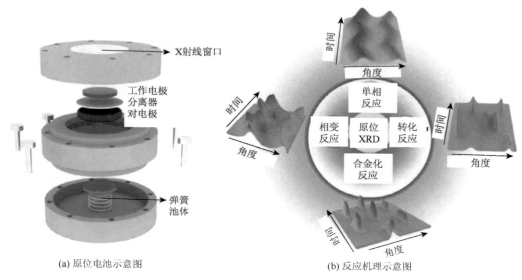

(a) 原位电池示意图　　　　　　　(b) 反应机理示意图

图 2-24　单相反应、相变反应、合金化反应和转化反应的原位 XRD 谱图示意图[1]

Zhu 等[2]通过原位 XRD 揭示了 $K_6Nb_{10.8}O_{30}$ 材料的储锂机理。如图 2-25 所示，峰位移的趋势大致呈"W"型。$K_6Nb_{10.8}O_{30}$ 相（贫锂）到 $Li_{22}K_6Nb_{10.8}O_{30}$ 相（富锂）的转变经历了 $Li_3K_6Nb_{10.8}O_{30}$ 的中间态。除反应起始阶段时不明显的两相反应外，整个循环过程可以被当作典型的单相反应，并且伴随有规律的峰移，但始终没有出现新的峰。

Li 等[3]通过原位 XRD 探索了经典的富锂层状氧化物（$Li_{1.2}Ni_{0.2}Mn_{0.6}O_2$）在锂离子电池中的结构演变：$O^--O^-$（过氧二聚体）主要沿 $c$ 轴键合，同时还证明了 $O^{2-}/O^-$氧化还原过程是可逆的。晶体基本结构是一个 $5\times2\times1$ $LiMnO_2$ 晶格，其中 Li 和 Ni 原子代替了部分 Mn 原子。Li 原子的蜂窝状结构在很多富锂化合物中很常见，其对应于 XRD 谱图中多余的超晶格峰。根据图 2-26，(104)峰和(003)峰有规律的位移表明其是固溶体反应。除此之外，(003)晶面的峰可以直接反映其在 $c$ 轴方向的晶格参数的变化。在初始充电过程中，它先渐渐向较低的角度移动，紧接着又回到高角度的区域，在 4.5V 左右出现一个转折点。根据布拉格方程，可以得出 $c$ 轴晶格参数是先增加后减小，因此取 4.5V 作为边界。这些现象都与实际情况符合较好。他们推断：最有可能的原因是 $Li^+$首先从锂层中析出，紧接着从过渡金属（transition metal，TM）层中析出，这使得晶胞沿 $c$ 轴膨胀或收缩。但是，由于 TM 层中离子半径减小，沿 $a$ 轴晶格参数在整个第一次充电过程中不断降低。相反，放电是一个可逆的过程。整个工作在锂离子电池中的平行锂化-脱锂机理中极具代表性。

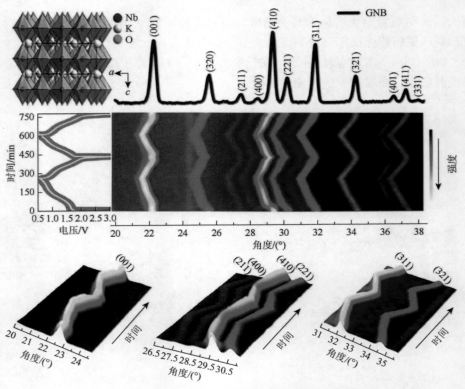

图 2-25　$K_6Nb_{10.8}O_{30}$ 的晶体结构和 XRD 谱图[2]

GNB 表示石墨烯基纳米材料

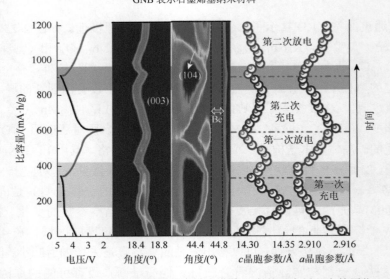

图 2-26　富锂层状 $Li_{1.2}Ni_{0.2}Mn_{0.6}O_2$ 材料的充放电曲线，在前两个循环中的原位 XRD 谱，
精修的 $c$ 晶胞参数和 $a$ 晶胞参数[3]

Zhang 等[4]合成纳米多孔 $Bi_4Sb_4$ 合金，同时首次通过原位 XRD 研究和密度泛函理论
计算提出了典型的两步合金化反应，从(Bi,Sb)到 Na(Bi,Sb)然后到 $Na_3(Bi,Sb)$。如图 2-27

所示，三个不同的阶段分别用红色、蓝色和绿色表示。将一个完整的循环过程分为四个阶段，每个阶段都代表一个相变。阶段 1 表示从(Bi,Sb)到 Na(Bi,Sb)的相变，阶段 2 表示从 Na(Bi,Sb)到 Na₃(Bi,Sb)的相变。相反，阶段 3 和阶段 4 分别是阶段 2 和阶段 1 的逆过程。

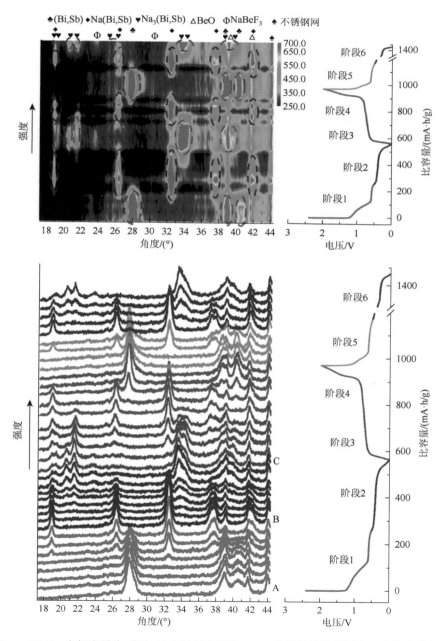

图 2-27　np-Bi₄Sb₄ 电极在放电-充电-放电过程中原位 XRD 结果的等高线图和对应的充放电曲线[4]

电极在 25mA/g 下的放电（阶段 1 和阶段 2）-充电（阶段 3 和阶段 4）-放电（阶段 5 和阶段 6）曲线以供参考（右侧部分）

　　Liu 等[5]为了探讨聚山梨酸酯（吐温-20，TG）连接锂层的影响，利用原位 XRD 直接监测 Li 阳极的变化，所获得的图案清楚地显示了裸 Li 和 TG-Li 之间的显著差异。如图 2-28 所示，位于 21.2°和 23.4°处的峰可归因于 $Li_2CO_3$ 相，前者存在而后者消失，这表明 TG-Li 有效地抑制了电解质的分解。此外，还注意到在循环过程中，裸 Li 在 13.6°附近出现明显的 $Li_2S$ 相。强度的增加意味着 $Li_2S$ 在 Li 阳极表面的连续沉积。然而，在 TG-Li 中没有观察到 $Li_2S$ 相，这可以通过 $Li_2SO_x$ 相的比较来进一步证实。这表明 TG 层能有效抑制多硫化物与 Li 金属之间的还原反应。

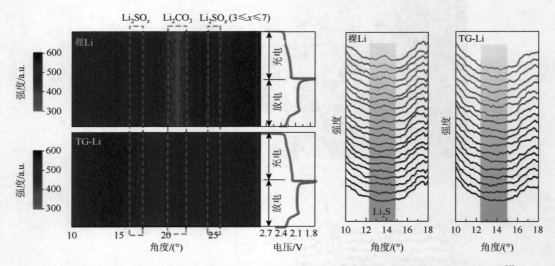

图 2-28　准固态锂硫电池中裸 Li 和聚山梨酸酯连接 Li 在第一次循环中的原位 XRD 谱图[5]

　　层状 P3 型 $K_{0.5}MnO_2$ 阴极储钾机理的研究：Kim 等[6]重点研究了层状 $K_{0.5}MnO_2$ 内的相变和结构演化，细化结果表明其主相为 P3 型层状结构，其中 $O^{2-}$ 以 ABBCCA 序列排列成平行层，而 $Mn^{2+}$ 占据了八面体位点，$K^+$ 占据 $MnO_6$ 八面体层之间的棱柱位点。利用原位 XRD 测量研究了钾的储存，结果如图 2-29 所示，可以观察到固溶体反应和两相反应。在所有可见峰中，(003)和(006)峰在充电时向较低的角度移动，表明 $MnO_2$ 层间距的增加是由于氧之间的排斥力变大。特别有意思的是，随着新的(104)峰的出现，(015)峰逐渐消失，最终发展为肩峰，这是 P3 到 O3 结构相变的最充足的证据。此外，X 相意味着另一个相变的发生，如粉红色突出显示：放电时的演化完全相反，表现出高度可逆的 $K^+$ 嵌入和脱嵌行为。对于 $K_{0.6}CoO_2$，原位 XRD 也证明了类似的高度可逆的嵌入机理。

## 2.3.2　样品制备

　　原位电化学反应池拆分图及原位电池 XRD 组装流程示意图如图 2-30 所示。

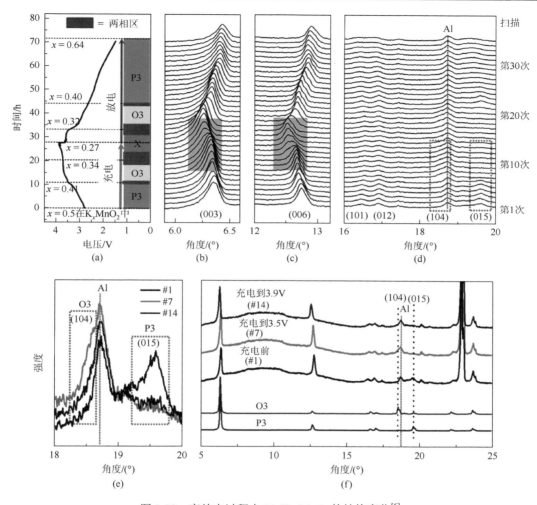

图 2-29　充放电过程中 P3-K$_{0.5}$MnO$_2$ 的结构变化[6]

（a）P3 型 K$_x$MnO$_2$ 在 2mA/g 电流速率下的典型充电/放电曲线；（b）～（d）每个图为以 2h 扫描速度拍摄的原位 XRD 谱图；
（e）制备的#1、#7 和#14 P3-K$_{0.5}$MnO$_2$ 在 18°～20°的 XRD 峰比较，其中(104)和(015)峰分别表示 O3 和 P3 结构；
（f）与 O3 和 P3 模拟 XRD 谱图的比较

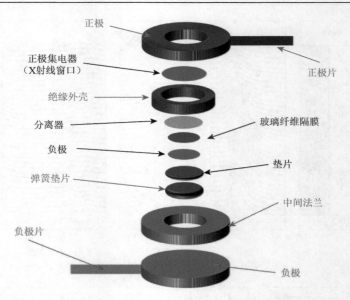

正极

正极集电器
（X射线窗口）

正极片

绝缘外壳

玻璃纤维隔膜

分离器

负极

垫片

弹簧垫片

中间法兰

负极片

负极

图 2-30　原位电化学反应池拆分图及原位电池 XRD 组装流程示意图[7]

## 2.3.3　工作模式及测试流程

按照流程开机后，分别进行光路校准（optics alignment）与样品校准（sample alignment）。接着换掉底座装上原位电池台，连接好电化学工作站，如图 2-31 所示。点击下拉菜单中的 Battery，在子窗口中设置好电池样品所需的扫描范围、扫描速度及循环次数，点击 Run 开始测试。

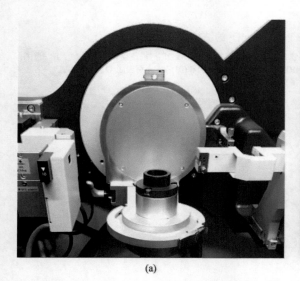
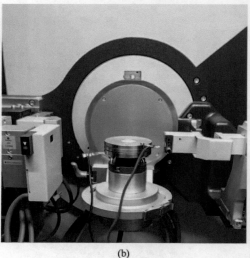

(a)　　　　　　　　　　　　　　　　(b)

图 2-31　原位电池 XRD 测试台（a）及测试视图（b）

### 2.3.4　数据导出及关机流程

测试完样品后，等待 XRD 的射线发射器和射线检测器恢复到水平位置，点击页面中下部的 Star up/Shut down 窗口中的"Run"，等待 XRD 主机上方两侧橙色指示灯熄灭后，即可关闭 XRD 测试主控软件。接着点击 Window 系统任务栏的远程桌面链接，点击"Connect"后双击红色按钮，再次回到 Window 操作页面。打开格式转换软件，找到需要转换格式的文件（rasx）将其转换为 txt 格式和 raw 格式，关闭格式转换软件。关闭 XRD 主机设备（逆时针旋转 XRD 主机中部钥匙），拉下电源总闸，最后关闭循环水机。

## 2.4　样品制备方法及实验方法对实验结果的影响

### 2.4.1　样品制备方法对实验结果的影响

在 X 射线衍射分析中，试样主要可以分为粉末试样和块状试样两大类。这些试样可以是晶体也可以是非晶体，可以是多晶体也可以是单晶体[8-10]。

对于块状试样，尺寸并没有严格的要求，但常规衍射仪有效照射小于 20mm×18mm。同时，块状试样表面应满足清洁这一基本条件，因为只有这样才能保证结果的可靠性。由于块状试样没办法避免择优取向，可以对三个互相垂直的表面分别进行测试，如此可以获得全面的测试结果。

对于粉末试样，最好使用消除了应力之后的粉末进行测试。一般做定性分析的粉末直径为 1～10μm，即可以通过 325 目的筛子。有一种确定粉末颗粒度的简便方法，即用手指捏住粉末同时碾一下，如果没有颗粒的感觉，那么粉末的颗粒度在 10μm 左右。如果要求衍射花样有比较优秀的分辨率，则样品应该尽可能薄。如果要求衍射花样有明确的强度关系，那么样品的厚度要大于 $\dfrac{3.2}{\mu}\cdot\dfrac{\rho}{\rho'}\cdot\sin\theta$（其中 $\mu$ 为吸收系数），此时样品可视为无限厚。而且为了避免黏结剂对实验结果的影响，不应使用黏结剂而是直接将粉末试样放在玻片上压成片状[11, 12]。

对于粉末试样的定量分析，影响它的重要因素有试样的颗粒度、显微吸收及择优取向。虽然定量分析时试样的颗粒度要比定性分析时小，但试样仍需要有足够的厚度和大小，保证入射线在扫描过程中始终可以照射到试样表面且不能穿透试样[13]。因此，粉末试样的颗粒度可由式（2-27）确定：

$$|\mu_1 - \bar{\mu}|\cdot R \leqslant 100 \tag{2-27}$$

式中，$\mu_1$ 为待测相的线吸收系数；$\bar{\mu}$ 为试样的平均线吸收系数；$R$ 为颗粒半径，μm。经计算，合适的颗粒直径范围是 0.1～5μm。调整试样颗粒度的原因主要有两个：一是为了能够得到良好的峰形；二是要减小试样中由于各相的吸收系数不同而产生的误差（即颗粒的显微效应）。如果颗粒过细会引起衍射峰漫散，而如果颗粒过粗则会出现衍射环的不连续，使实验测得的数据误差较大。还有一项影响定量分析结果的重要因素是择优取向。择优取向是指多晶体中各晶粒的取向出现统一的聚集的情况，即通常所说的织构[14-17]。

择优取向会使衍射强度相比在正常情况下发生较大的偏离，尤其是在颗粒粗大且有特殊形状（如片状和针状）时更加明显。出现此种现象，不仅要继续磨细颗粒，还要对测试的结果采用数学修正。

### 2.4.2　实验方法对实验结果的影响

X 射线粉末衍射实验中可以得到的主要数据有衍射强度（用峰强度和积分强度来表示）、峰位及线形（用半高宽表示）[18-20]。而实验方法对这些结果的影响如下：

（1）衍射强度会受到狭缝宽度、扫描速度及步长的影响。在保证衍射花样分辨率足够的前提下，为了获得数据涨落小的一系列实验结果，最好选取宽度大的狭缝及适中的扫描速度，而不是为了缩短测试时间而一味地加快扫描速度。

（2）衍射峰位会受到扫描步长及寻峰方法的影响。一般，步长越短可以获得的数据就越多，峰位的确定就越精确。因此，为了得到准确的峰位，需要减慢扫描速度及采用合适的步长。而且在进行一系列对比实验时，更要保持扫描速度和步长的一致，同时还要保持寻峰方法的一致。

（3）衍射峰的线形受到狭缝宽度、步长和寻峰方法的影响。为了得到试样宽化效应的半高宽准确数据，必须采用合适的狭缝宽度、步长及寻峰方法。如果试样的衍射线上只出现了微小的或者没出现宽化时，可采用质心法、顶峰法和抛物线法这三种自动寻峰法中的任意一种。但如果试样的衍射线上存在严重的宽化时，自动寻峰的方法就不再适用，只能通过拟合或者精修才可以获得准确的半高宽信息。

（4）步长是粉末衍射实验中非常重要的参数之一。在相同的取样时间下，如果步长小到 $0.01°$ 甚至是 $0.005°$，会浪费很多的测试时间；而如果步长过大，可能会将某些衍射峰漏掉或者使衍射线的线形失真。因此，需要将半高宽和步长的比值控制在 5～8 以内，才可以获得准确的实验数据。对于存在严重宽化的试样，如纳米晶和微晶，可选用较大的步长，如 $0.05°～0.08°$；对于不存在宽化或宽化较小的试样可以选用稍小的步长，如 $0.01°～0.02°$。

（5）在掠入射的情况下，发散光束的聚焦效应和非对称几何会使衍射线变宽。一般半高宽会随着掠射角的增大而减小，这与扫描时的宽化效应有所不同。这时半高宽会出现一个极小值，这个极小值会出现在掠射角接近于 $\theta$ 角时。例如，硅(111)衍射线出现在掠射角 $15°$ 附近，这接近于 $14.2°$；(200)衍射线出现在掠射角 $23.6°$ 附近，这接近于 $20°$。衍射强度反而会随着掠射角的增加而增大，平行的入射光束可以很好地改善宽化，但是在对称布拉格几何的情况下，平行入射的光束并不会得到比发散光束入射更好的衍射线形。

## 2.5　安全防护及注意事项

当人体暴露在过量的 X 射线环境中时，会受到极大的伤害，导致局部组织灼伤甚至坏死，血液组成及性能的改变，或者其他疾病，如毛发脱落、精神不振、影响生育能力等。因此，操作人员在 X 射线衍射仪实验室工作时必须注意安全防护，尽量避免所有非必要的 X 射线照射。即使是在开机过程、调整光路系统及更换样品时，尽量不要将身体的任何部分直接暴露在 X 射线下。重金属铅对 X 射线的吸收能力极强，可以在必要的地方安装含铅玻璃隔断板。当长时间操作 X 射线衍射仪时，若有条件，操作人员应佩戴铅玻璃眼镜，穿戴铅橡胶手套及铅防护围裙。同时 X 射线衍射仪工作地点应该在通风良好的场所，因为高压 X 射线的电离作用会使得仪器产生臭氧等有害气体，对操作人员的身体健康有一定的威胁[21]。

注意事项：

（1）X 射线衍射仪开机前需先打开循环水，待水温稳定在 20℃左右再开机；

（2）X 射线衍射仪关机 10min 后才能关闭循环水；

（3）X 射线衍射仪舱门打开或关闭时应该轻缓；

（4）X 射线衍射仪的载玻片为玻璃制品，易碎，应轻拿轻放，使用后应及时清洗并烘干；

（5）X 射线衍射仪每次测试完成，关闭射线后，需用无水乙醇擦拭样品台；

（6）保证仪器使用过程中的无尘、无震动、恒温及恒湿等工作环境；

（7）X 射线衍射仪若在工作中途发生报警，应及时联系工程师，切勿擅自处理；

（8）为防止计算机和 X 射线衍射测试系统中病毒，X 射线衍射仪所配套的计算机禁止使用一切外来设备（U 盘、光盘、外接手机、笔记本电脑等），所有测试参数均由操作人员在本次测试完成后，使用全新光盘拷贝后发送给相关人员。

# 参 考 文 献

[1]　Xia M, Liu T, Peng N, et al. Lab-scale *in situ* X-ray diffraction technique for different battery systems: Designs, applications, and perspectives[J]. Small Methods, 2019, 3(7): 1900119.

[2]　Zhu H, Cheng X, Yu H, et al. $K_6Nb_{10.8}O_{30}$ groove nanobelts as high performance lithium-ion battery anode towards long-life energy storage[J]. Nano Energy, 2018, 52: 192-202.

[3]　Li X, Qiao Y, Guo S, et al. Direct visualization of the reversible $O^{2-}/O^-$ redox process in Li-rich cathode materials[J]. Advanced Materials, 2018, 30(14): 1705197.

[4]　Gao H, Niu J, Zhang C, et al. A dealloying synthetic strategy for nanoporous bismuth-antimony anodes for sodium ion batteries[J]. ACS Nano, 2018, 12(4): 3568-3577.

[5]　Liu J, Qian T, Wang M F, et al. Use of Tween polymer to enhance the compatibility of the Li/electrolyte interface for the high-performance and high-safety quasi-solid-state lithium-sulfur battery[J]. Nano Letters, 2018, 18(7): 4598-4605.

[6]　Kim H, Seo D H, Kim J C, et al. Investigation of potassium storage in layered P3-type $K_{0.5}MnO_2$ cathode[J]. Advanced Materials, 2017, 29(37): 1702480.

[7]　肖索, 张子良, 刘松杭. 原位 XRD 在锂电池电极材料测试中的应用[J]. 宁波化工, 2014(1): 1-5.

[8]　程国峰, 杨传铮, 黄月鸿. 纳米材料的 X 射线分析[M]. 北京: 化学工业出版社, 2019.

[9]　姜传海, 杨传铮. 材料射线衍射和散射分析[M]. 北京: 高等教育出版社, 2010.

[10]　王元熙. X 射线及 X 射线衍射[M]. 北京: 高等教育出版社, 1988.

[11]　左演声, 陈文哲, 梁伟. 材料现代分析方法[M]. 北京: 北京工业大学出版社, 2000.

[12]　黄胜涛. 固体 X 射线学-1[M]. 北京: 高等教育出版社, 1985.

[13]　谢忠信, 赵宗铃, 张玉斌, 等. X 射线光谱分析[M]. 北京: 科学出版社, 1982.

[14]　常铁军, 刘喜军. 材料近代分析测试方法[M]. 4 版. 哈尔滨: 哈尔滨工业大学出版社, 2010.

[15]　姜传海, 杨传铮. X 射线衍射技术及其应用[M]. 上海: 华东理工大学出版社, 2010.

[16]　陶文宏, 杨中喜, 师瑞霞. 现代材料测试技术[M]. 北京: 化学工业出版社, 2013.

[17]　马毅龙, 董季玲, 丁皓. 材料分析测试技术与应用[M]. 北京: 化学工业出版社, 2017.

[18]　熊慎寿. 成像板探测器[J]. 现代物理知识, 1992(3): 38-39.

[19]　苗青, 王高, 李仰军. X 射线成像探测器发展进展[J]. 传感器世界, 2015, 21(10): 7-13.

[20]　刘粤惠, 刘平安. X 射线衍射分析原理与应用[M]. 北京: 化学工业出版社, 2003.

[21]　梁向晖, 钟伟强, 毛秋平. X 射线衍射仪的维护与使用[J]. 分析仪器, 2015(5): 89-91.

# 第3章 原位傅里叶变换红外光谱仪及其在电化学中的应用

红外光谱技术是分子水平上原位表征界面的最有用的技术之一。电化学原位傅里叶变换红外光谱仪（in-situ Fourier transform infrared spectrometer，in-situ FTIRS）可以简单理解为电化学技术与红外光谱的结合。原位红外光谱是 20 世纪 80 年代初由 Bewick 课题组将红外光谱与电化学调制方法相结合得到的，既可进行电化学参数的检测，又可同步、原位检测电化学体系的红外光谱信息的变化。传统电化学无法提供反应过程分子水平上的信息，但电化学原位红外反射光谱利用红外光谱的指纹特征和反射光谱特有的表面选律，可检测电极表面吸附物种的取向和成键方式等，从而提供了分子指纹的信息，有助于从分子水平上阐明电化学氧化还原过程机理。原位红外光谱技术，用于测定样品或反应体系随时间、温度、压力及环境变化而变化的规律，广泛应用于催化剂（吸附态、固体表面酸性、活性中心）表征研究，反应动力学研究，聚合物反应动力学、结晶动力学、固化动力学及热稳定性、树脂老化研究，以及电极与电解质之间的界面反应，包括研究电解质组分（盐、溶剂、电解质添加剂）分解、反应机理、产气、溶剂插层等。电化学原位傅里叶变换红外反射光谱已被证明是一种有效的、无损的直接实时研究界面反应的技术。

## 3.1 原位红外工作原理

傅里叶变换红外光谱仪（FTIR）是基于红外光束在宽光谱范围（14300～20cm$^{-1}$）的吸收。这是通过测量与样品相互作用前后的光强度来完成的。吸光度计算为具有一系列吸收峰的波长的函数，这些吸收峰对应于某些分子振动、旋转/振动或晶格振动模式或其组合的激发[1]。相应的频率可以用来识别特定的官能团，这些红外峰的强度与样品中物种的数量呈线性相关。FTIR 技术提供了分子组成和结构的重要信息。衰减全反射（attenuated total reflection，ATR）是一种强大的红外光谱采集技术，是基于红外透明晶体的全内反射几何结构，在晶体表面和样品之间的界面上多次反射红外光束。多次反射后采集的信号包括样品在红外光束穿透深度内的光谱。FTIR 可用于界面分析，因为它可以在分子水平上检测电化学过程中的物种。FTIR 由于对有机分子的高灵敏度，能够检测反应过程中官能团结构的变化，可以更好地模拟实验过程，对解释反应机理很有帮助，已被广泛应用于催化剂表征方面及储能电池[2]。

20 世纪 70 年代，傅里叶变换技术在中红外光谱仪器上的应用使其性能得到革命性的变化，进入 80 年代该类型的仪器已成为中红外光谱仪器的主导产品。借助于研制中红外光谱仪器的基础，通过调整光源、分束器和检测器，傅里叶变换红外光谱仪器应运而生。常用的分束器材料有石英、CaF-Si、KBr-Ge 等。傅里叶变换红外光谱仪的核心部件是迈克耳孙干涉仪，其结构如图 3-1 所示，由移动反射镜 M1、固定反射镜 M2 和分束器 BS 组成。其中 M1

和 M2 为两块相互垂直的平面。光源发出的光经准直成为平行光，按 45°角入射到分束器上，其中一半强度的光被分束器反射，射向固定反射镜 M2，另一半强度的光透过分束器射向移动反射镜 M1。射向固定反射镜和移动反射镜的光经反射后实际上又会合到一起，此时已成为具有干涉光特性的相干光，当移动反射镜运动时，就能得到不同光程差的干涉光强。当峰的峰值同相位时，光强被加强；当峰谷值同相位时，光强被抵消，在完全相长和相消干涉之间是部分相长相消干涉。对于一束纯单色光，在移动反射镜连续运动中将得到强度不断变化的余弦干涉波，因此检测器检测到的是样本的干涉图，每个时刻都可得到分析光中全部波长的信息。由计算机采集此干涉图，根据样本干涉图函数经傅里叶变换后即可得到样本的近红外光谱图。由于计算机只能对数字化的干涉图进行傅里叶变换，需要对其进行等间隔取点采样。

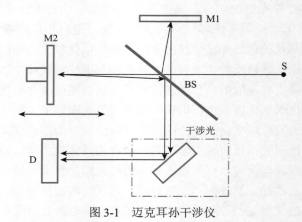

图 3-1　迈克耳孙干涉仪

M1. 移动反射镜；M2. 固定反射镜；S. 光源；D. 检测器；BS. 光束器

　　目前傅里叶变换红外光谱仪大多数靠激光协助完成检测，当激光通过干涉仪时，被调制成一个余弦曲线状态的干涉图，由光敏二极管（如锗二极管）进行检测。测样时，用这个余弦干涉图监测扫描测量全过程，每当余弦波过零点时，即可通过一个触发器对样本干涉图进行采样，从而获得实用的数字化样本干涉图。此外，激光干涉仪还用来监控移动反射镜的移动速度和决定移动反射镜的移动距离。因此，传统迈克耳孙干涉仪对光的调制是靠镜面的机械扫描运动来实现的，这就决定了这种仪器的扫描速度不可能很高，要想达到比较高的光谱分辨率，则要求移动反射镜移动量很大，这样又会使系统比较庞大。同时，它对机械扫描系统的加工、装配等的精度提出了非常高的要求。为了提高干涉仪系统的稳定性、可靠性和耐久性，降低加工和装配精度及缩小系统体积，国际各大知名仪器制造商对经典的迈克耳孙干涉仪进行了各种改进。一方面是针对系统的抗震性能，提出了用 60°或 90°角镜、猫眼反射器来分别代替移动反射镜、固定反射镜动态调整技术；或者在机械扫描运动系统中，采用气浮导轨、磁浮轴承、面弹簧支撑等，以减小摩擦。另一方面，移动反射镜机械扫描的本质是为了改变两条光路之间的光程差，因此，也相应地提出了许多改变光程差的方案，如扫描分光镜结构、钟摆结构、旋转角镜或平板介质结构、插入光楔结构、转动平面镜组结构等。傅里叶变换红外光谱仪的优点是光谱扫描范围宽、扫描速度快、波长精度高、分辨率好、信噪比高。这类仪器的缺点是干涉仪中有可移动部件，对仪器的使用环境有一定要求。

# 3.2 原位红外装置及器件

与传统的紫外、红外光谱仪类似，原位红外光谱仪也是由光学系统、电子系统、机械系统和计算机系统等部分组成，如图 3-2 所示。其中，电子系统由光源电源电路、检测器电源电路、信号放大电路、A-D 转换、控制电路等部分组成；计算机系统则通过接口与光学和机械系统的电路相连，主要用来操作和控制仪器的运行，除此以外还负责采集、处理、存储、显示光谱数据等。现在的 FTIR 所使用的计算机都不是专用机，而是使用个人计算机或手提计算机。控制 FTIR 工作的计算机，必须安装由红外光谱仪器公司提供的光谱专用软件。计算机通过 USB、LPT、COM 接口或安装在计算机里的红外接口板插口与红外光学台的电路板连接。光学台的工作状态完全由光谱仪和计算机来控制。红外样品数据的采集和采集参数的设定，由计算机中的红外软件设置。光谱仪的电路板将光学台中检测器检测到的模拟信号转换为数字信号，传送到计算机内进行傅里叶变换运算处理，并将计算结果（红外光谱图）显示在屏幕上或保存在计算机的硬盘中。现在的计算机硬盘容量都很大，通常都在几十 MB 以上，计算机的内存容量也都在几百 MB 以上。计算机中可以保存大批的红外光谱数据。每张红外光谱数据所占磁盘空间的大小，取决于光谱的分辨率和光谱区间。光谱的分辨率越高，所占的磁盘空间越大；采集光谱数据时，光谱区间设定得越宽，所占磁盘空间越大。一张 $4cm^{-1}$ 分辨率的中红外光谱数据大约只占 10kB 的磁盘空间。光谱数据所占的磁盘空间与光谱数据的保存格式也有关系，以文本格式保存的光谱数据比以其他格式保存的光谱数据所占的磁盘空间大得多。计算机除了控制光学台收集样品的红外光谱和保存红外光谱数据，还可以利用红外软件对所收集的红外光谱进行各种数据处理。计算机保存的原始红外光谱图和经过处理后的光谱图，可以通过打印机直接打印出来，也可以将光谱图拷贝到文本文件中的适当位置，与文本文件一起打印。

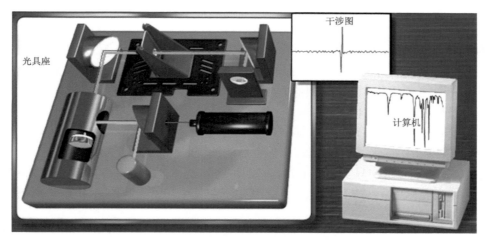

图 3-2　傅里叶变换红外光谱仪的典型构造图

红外光学台也就是人们常说的光学系统，是光谱仪的核心，平时所说的红外光谱仪主要是指红外光学台。计算机和打印机是红外光谱仪的辅助设备。红外光谱仪的各项性能指标由红外光学台决定。红外光谱仪主要包括红外光源、光阑、干涉仪、样品室、单色器（分光系统）、样品测量附件和检测器等部分。红外光学台的体积越来越小，光学台内反射镜越来越少，红外光路越来越短。红外光学台的这种设计有利于提高红外光谱仪的性能指标。

　　1）光源

　　光源是 FTIR 的关键部件之一，负责提供测量所需要的光能，红外辐射能量的高低直接影响检测的灵敏度。理想的红外光源是能够测试整个红外波段，即能够测试远红外、中红外和近红外。但目前要测试整个红外波段至少需要更换三种光源，即远红外光源、中红外光源和近红外光源。红外光谱中用得最多的是中红外波段，目前中红外波段使用的光源基本上能满足测试要求。目前使用的中红外光源基本上可以分为两类：碳硅棒光源和陶瓷光源。无论是碳硅棒光源还是陶瓷光源，都能够覆盖整个中红外波段。光源又分为水冷却和空气冷却两类。使用水冷却光源时，需要用水循环系统，这给仪器的使用带来诸多不便。冷却系统一旦漏水，不仅会影响红外测试工作，还可能造成光学台损坏。因此，现在许多 FTIR 都采用空气冷却光源[1]。

　　水冷却碳硅棒光源能量高、功率大、热辐射强。热辐射会影响干涉仪的稳定性。为了减少热量对干涉仪的影响，一方面需要用循环水冷却光源外套，以便带走多余的热量。另一方面还可以采用热挡板技术，遮挡热辐射对干涉仪的影响。碳硅棒光源的形状通常是两头粗，中间细，有效部位在中间，面积很小。碳硅棒光源质地很脆，为了延长光源的使用寿命，将光源的中间部分加工成螺线管形，在光源加热和冷却时不至于因应力过大造成断裂。目前高分辨率的 FTIR 仍然使用水冷却碳硅棒光源[2]。

　　EVER-GLO 光源是一种改进型碳硅棒光源。它的发光面积非常小，只有 $20mm^2$ 左右，但红外辐射很强，而热辐射很弱，因此不需要用水冷却。它不但不需要冷却，相反，还需要保温。EVER-GLO 光源的使用寿命达十年以上，是一种使用寿命很长的红外光源。

　　陶瓷光源分为水冷却和空气冷却两种。早期的陶瓷光源为水冷却光源，现在使用的陶瓷光源基本上都改为空气冷却光源。

　　为了进一步提高红外光源的使用寿命，现在有的仪器公司将光源的能量设置为三挡。仪器不工作时，将光源的能量设置为最低挡；仪器工作时，将光源的能量设置为中挡；在使用红外附件时，由于到达检测器的光通量很低，可将光源的能量设置为最高挡。这样有利于提高红外光谱的信噪比。

　　无论是碳硅棒光源还是陶瓷光源，红外辐射能量最高的区间都在中红外区的中间部分。在中红外区的高频端和低频端，红外辐射能量较弱，低频端比高频端更弱。

　　低档 FTIR 光学台中只安装一个光源，即中红外光源。中、高档 FTIR 通常都有双光源系统，即在光学台中安装了两个光源，其中一个是中红外光源，另一个是远红外光源或近红外光源。

　　中红外光源位置是固定不动的，另一个位置可安装远红外光源、近红外光源或其他光源。中红外光源在远红外区低频端可以测到 $50cm^{-1}$。因为 $50cm^{-1}$ 以下的远红外区主要是气体分子的转动光谱区，基本上不出现分子的振动谱带，所以在双光源系统中，除了安装中红外光源，另一个位置通常安装近红外光源或其他光源。

　　双光源系统中，两个光源之间的切换由计算机控制。当调用不同区间的测试参数时，红外软件会自动选择光源位置。

　　考察光源性能除了光谱仪对其在尺寸、功率、电压等参数的匹配要求，还需要了解产品的发光性能，如光谱曲线、色温曲线、使用寿命等。

　　光的输出通常以流明（lumen，lm）为单位表示，它也是电压、色温和灯丝结构的函数。色温就是灯丝发光的温度，通常以开尔文（K）为单位表示。色温曲线是光源的重要特性之一。一般温度越高，在发光区域发出的光能越多。

　　光源应在灯的额定电压范围内使用，根据不同需要，额定电压在 5W 至上百瓦不等。为了延长灯泡的使用寿命，往往选用稍高功率产品，而在较低电压下使用，以期达到更长的使用寿命。电压降低 10%，寿命可延长 50%。但是也应注意到，降低电压会降低色温，使玻璃发黑，也会影响灯丝寿命，通常使用寿命在几千小时到一万小时范围内。

　　红外光源除了要求提供足够强度的光，最重要的是光源发光的稳定性。影响发光稳定性的因素除灯泡自身的质量外，还有光源稳压电路系统的控制精度，以及灯泡保温和散热的工作环境。实践经验表明，光源稳定性对近红外光谱测量精度影响很大，是仪器设计和制造考虑的重要技术指标之一。

　　2）单色器

　　单色器为光色散装置，即将由光源发出的近红外光束（由连续波长的光组成的混合光）色散为各种波长的单色光。早期的中红外光谱仪单色器是由光栅扫描色散机组成，现在的红外光谱仪单色器则是以迈克耳孙干涉仪为基础的光干涉仪和傅里叶光调制器组成。相比之下，近红外光谱仪的单色器种类很多，除光栅扫描色散和傅里叶变换外，还有干涉滤光色散、声光调制过滤色散、阿达玛变换等多种类型。

　　3）检测器

　　检测器负责将光谱的光信号转换为电信号，通过 A/D 转换得到数字光谱。红外光谱仪常用检测器主要有热探测器（thermal detector）和量子探测器（quantum detector），而近红外光谱仪使用的检测器主要是量子探测器。量子探测器是由半导体材料制成，常用的半导体材料如硅、铟镓砷、硫化铅、锗化碲等，用来检测紫外、可见和近红外光。量子探测器具有体积小、噪声低、光谱响应速度快、响应范围宽等优点。

　　量子探测器的检测原理：在固体状态，相邻原子非常靠近，外层电子轨道互相交叠，使原来自由原子相对气相或液相而言的分立能级转变为能带（energy band）。最外层能带中，没有或很少电子填充，称为导带（conduction band），如果在导带中有电子，则为自由电子，具有导电性。距导带最邻近的低能带称为价带（valence band），这里的电子则以共价键形式存在，不具有导电性。根据价带和导带的相对位置，所有固体被划分为金属、半导体和绝缘体。在金属材料中，导带中部分填充有电子，或者导带与价带的能级存在交叠。在半导体材料中，导带与价带之间存在一个小能隙。在绝缘体材料中，导带与价带之间的能隙很大，$E_g > 6\text{eV}$。在纯硅材料中，每个硅原子在价带中有 4 个价电子，与相邻 4 个硅原子以共价键结合。将 1 个电子从价带激发到导带中，在价带中产生 1 个带正电的空穴。热能量可以激发电子，在达到热平衡时，自由电子数和空穴数相等。

# 3.3　原位测试样品制备和测试技术

　　红外光谱是四大谱学之一。红外光谱和核磁共振波谱、质谱、紫外光谱一样，是确定分子组成和结构的有力工具。红外光谱分析技术的优点之一是应用范围非常广泛，可以说，对于任何样品，只要样品的量足够多，就可以得到一张红外光谱。对于固体、液体或气体样品，对单一组分的纯净物和多种组分的混合物都可以用红外光谱法测定。红外光谱既可以测定有机物、无机物、聚合物、配位化合物，也可以测定复合材料、木材、粮食、饰物、土壤、岩石、各种矿物、包裹体等。因此，红外光谱是教学、科研领域必不可少的分析技术，在化工、冶金、地矿、石油、医药、农业、海关、宝石鉴定、公检法等部门得到广泛应用。对于不同的样品要采用不同的红外制样技术。对于同一样品，也可以采用不同的制样技术。采用不同的制样技术测试同一样品时，可能会得到不同的光谱。因此，要根据测试目的和测试要求采用合适的制样方法，这样才能得到准确可靠的测试数据。随着傅里叶变换红外光谱技术的发展，新的红外光谱附件不断涌现。因此，除了传统的红外光谱制样技术，出现了许多新的红外制样技术。例如，利用显微红外光谱技术可以测试微量样品，即使是微克级的固体或液体样品，利用显微红外光谱技术也可以得到很好的光谱。对于单分子膜样品，可以利用掠角反射技术。要想测试薄膜或片材表面样品的红外光谱，可以采用水平多次衰减全反射或单次衰减全反射技术。总之，除了传统的溴化钾压片法和液膜法，还有很多种红外制样技术。

　　要得到一张高质量的光谱图，除了有性能优良的仪器、选用合适的制样方法，制样技术或制样技巧也是非常重要的。相同的样品采用相同的制样方法，不同操作者制备的样品，测试得到的光谱可能会差别非常大。因此，对于红外光谱分析测试工作者，除了掌握各种制样方法，掌握制样技巧至关重要。红外光谱可以用于样品的定性分析，也可以用于定量分析。固体和液体样品都可以进行定量测试。定量测试时需要有参比样品或标准样品。定量分析的准确度不高，误差会超过5%。对于混合物中各组分的定量分析，需要有定量分析软件。对于没有定量分析软件或没有参比样品或标准样品的情况，只能对混合物中各组分的含量做粗略的估计。

　　由于原位研究技术具有动态、实时、准确的特性，研究者越来越偏向于采用它们来对二次电池进行研究，以获得深刻、丰富和正确的研究结果。除了独立地使用技术，还可以将它们联合起来使用以获得多维度的材料信息。未来，原位研究技术将会向着更高分辨率、更多应用方向、更多新技术发展。值得注意的是，原位电池的设计对获得好的原位研究结果非常重要。此外，这些原位研究技术不仅可以用来对二次电池进行研究，还可以经过简单改造用在催化和环境等领域[1]。

## 3.3.1　电催化测试样品制备和测试技术

　　原位电催化监测实验中，傅里叶变换红外光谱仪主要技术参数设定如下：

　　（1）光谱范围设定。可实现很宽的光谱范围，原则上可从紫外到远红外，甚至太赫兹波。这取决于光源、分束器、检测器、密封窗片等光学部件光谱覆盖范围的重叠部分。催化反应监测关注的表面吸附物种的结构信息主要集中在中红外（4000～400cm$^{-1}$）谱区。

（2）光谱分辨率。与实验设置分辨率参数无关，作为仪器技术指标的分辨能力与干涉仪动镜移动距离成正比，意味着光谱仪具有更高的性能、更好的稳定性，因此作为仪器指标的光谱分辨率越高越好。研究型红外光谱，光谱分辨率至少要优于 0.4cm$^{-1}$，最好优于 0.1cm$^{-1}$。

（3）检测灵敏度。在催化反应中，吸附分子，尤其对吸附态的研究时红外光谱信息通常很弱，因此中红外区最灵敏、液氮制冷的（碲镉汞）光电导型检测器（MCT）是原位监测红外的首选。

（4）快速扫描能力。根据反应速度的情况，通常需要实现毫秒级甚至纳秒级的光谱跟踪。因此仪器需要具备每秒 40 张谱的扫描能力，甚至更快。对于纳秒级时间分辨实验，需要保证极高动镜移动精度的步进式扫描模式。

（5）线性度。线性度是指全光谱范围的纵坐标精度。通常遵循 ASTM 1421 标准，优于 0.1% $T$（透过率）即可。它是与定量及稳定性相关的指标。

（6）波数准确度。因为动镜的位置是用 He-Ne 激光作为基准测定出来的，所以光程差可以测定得非常精确，计算的光谱波数一般很容易准确至 0.01cm$^{-1}$。

光谱采集方式如图 3-3 所示。

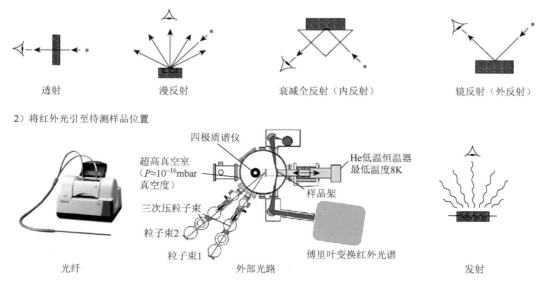

1）将待测样品放置到光谱仪标准光路中

透射　　漫反射　　衰减全反射（内反射）　　镜反射（外反射）

2）将红外光引至待测样品位置

四极质谱仪
超高真空室
（$P≈10^{-16}$mbar 真空度）
He低温恒温器 最低温度8K
样品架
三次压粒子束
粒子束2
粒子束1
傅里叶变换红外光谱

光纤　　　　外部光路　　　　发射

图 3-3　光谱采集方式
1bar = 10$^5$Pa

电化学催化反应通常发生在固体电极/电解质溶液界面。通过控制固/液界面电场的强度和方向，可方便地改变电催化体系的能量，从而实现对电催化反应的速率和方向的控制。与固/气界面发生的异相催化反应类似，固体电催化剂的组成、表面结构、与反应分子的相互作用等因素决定了电催化剂的效率（改变反应途径、降低反应活化能等），但由于固/液界面的溶剂分子的作用与影响，电催化作用机理比较复杂。在电催化反应进行的同时，将红外光引入固/液界面原位探测界面结构,检测表面吸附物种及成键取向情况,监测反应分子和产物的实时变化等,在分子水平上深入认识电催化作用机理具有十分重要的意义。

要实现固/液界面的红外反射光谱研究,需要克服以下三个障碍:

(1)溶剂分子(通常情况下为水分子)对红外能量的大量吸收;

(2)固体电催化剂表面反射红外光导致部分能量损失;

(3)表面吸附分子量少,满单层情况下仅 $10^{-8}$ mol/cm$^2$ 左右。

这三个障碍导致固/液界面的红外反射信号十分微弱,以致无法检测。因此,采用薄层电解池、电位差谱和各种微弱信号检测技术来获得具有足够高信噪比的电化学原位红外反射光谱。红外光谱主机需要配置 MCT 检测器。

### 3.3.2　电池测试样品制备和测试技术

对于锂离子电池的原位 FTIR 分析,由于电解质对水分敏感,原位电池的密封结构是必需的。此外,原位 FTIR 电池还应克服电解质对红外的强吸收和电极反射造成的红外损失的问题。有两种主要的电池设计,即内部和外部反射配置的电池,如图 3-4 所示。对于外部反射结构,由于需要非常薄的电解质层,电极和导光棱镜之间的电解质可能会导致 Li$^+$ 供应不足。对于内部反射结构,工作电极直接沉积在红外透明导向棱镜表面,消除了输运的限制。但这种设计通常存在电极电阻高、光路中较厚的电解液层吸收大的问题,导致红外光谱的掩蔽效应[3]。

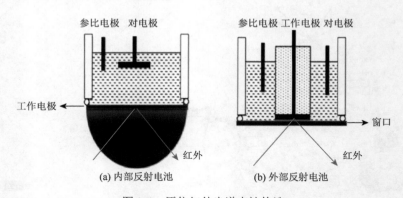

(a) 内部反射电池　　　　　　　　(b) 外部反射电池

图 3-4　原位红外光谱电池构造

Marino 等[4]开发了一种用于原位 ATR-FTIR 研究的电化学电池,如图 3-5(a)所示。锂金属作为对电极,柱塞压弹簧安装在顶部。在操作 FTIR 测量期间,由分离器分离的 NiSb$_2$ 工作电极被弹簧推到钻石棱镜上。图 3-5(b)显示了在该电化学电池中使用 1mol/L LiPF$_6$/EC(碳酸乙烯酯):DMC(碳酸二甲酯)(1:1,体积比) + 2%(体积分数)VC(碳酸亚乙烯酯)添加剂电解质,在 1C 速率下循环使用的 NiSb$_2$ 薄膜电极第一次放电时记录的操作光谱。在第一次放电过程中,Li 与 NiSb$_2$ 在 0.48V 下首先反应生成 Li$_x$NiSb$_2$ 合金,进一步锂化后通过转换反应生成 Li$_3$Sb 和 Ni 的混合物。在此过程中,利用操作 FTIR 通过伸缩振动的变化,重点研究了 Li$^+$ 在电极/电解质界面的溶剂化过程,表明溶剂分子与 Li$^+$ 的相互作用（溶剂化）强度。从 $v_{C=O}$ 的吸收比（$DMC_{solv}/DMC_{free}$）随电位减小的变化可以看出，在锂合金反应过程中，$DMC_{solv}/DMC_{free}$ 强度比先略有增大后减小。锂化早期的增加是由于 $Li^+$ 插入到了 $NiSb_2$ 矩阵中，导致浓度梯度和溶剂化 $Li^+$（$DMC_{solv}$）的降低。在转换反应的后期，$Li_3Sb$ 和 Ni 的相分离导致 $DMC_{solv}/DMC_{free}$ 比值突然上升。这种增加可能是由于 $Li_3Sb$ 的新鲜表面被电解质润湿，这是在转换反应中形成的相分离或颗粒裂纹所形成的。

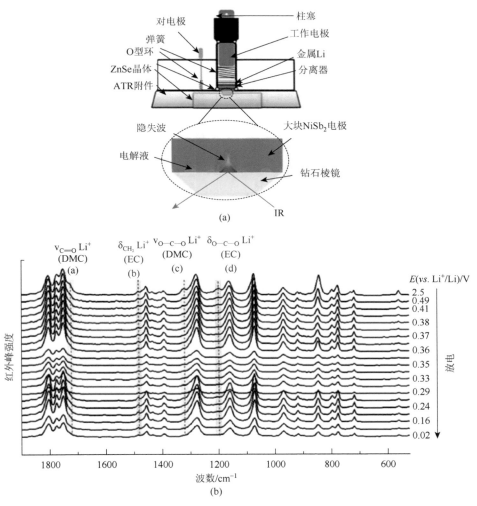

图 3-5　用于原位 ATR-FTIR 研究的电化学电池（a）及原位红外光谱（b）

　　Corte 等[5]设计了一种 ATR 增强灵敏度电化学池，用于原位 FTIR 研究非晶态硅，指出了红外探测光束的多次反射光路。电化学池采用 O 型密封圈密封，精确控制电极与电解液的接触面。研究了两种电解质{1mol/L LiClO₄/PC 和 1mol/L LiPF₆/PC（碳酸丙烯酯）：EC：3DMC[2% VC，10% FEC（氟代碳酸乙烯酯）]}中薄膜非晶硅电极上 SEI 的形成。图 3-6 显示了非晶态硅电极在 1mol/L LiClO₄/PC 电解液中第一次（去）锂化过程中获得的原位 FTIR，红外光谱的可逆演化也表明了溶剂排斥和 SEI 的形成。SEI 的形成/溶解是部分可逆的，这可以从锂化/溶解过程中 SEI 相关物种的增加/减少中观察到。这也可以从 SEI 厚度的变化中观察到，在锂化过程中增加，并在锂化结束时达到最大值。与用于此目的的其他技术（如椭偏光谱法）相比，厚度分析显示了对 SEI 演化更好的定量了解。

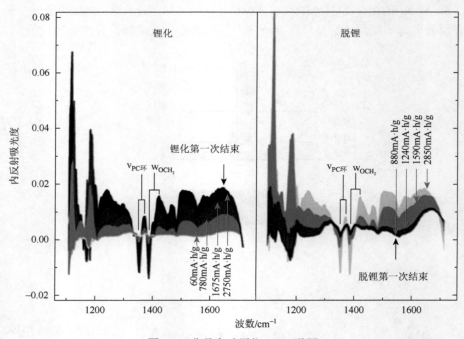

图 3-6　非晶态硅原位 FTIR 谱图

　　另一个原位 ATR-FTIR 电化学电池使用金和锡箔作为工作电极，锂箔作为参考/对电极，如图 3-7 所示。通过棱镜对电极的适当调节，形成了一层薄的电解液。Shi 等[6]利用该电池用两种简单模型电极材料，即不含任何官能团的 Au 和含氧官能团的 Sn，研究了 $Li^+$ 溶剂化结构和电极材料对电解质分解的作用。谱图显示了在 EC/DEC 电解质中，Au 和 Sn 电极在 1mol/L $LiPF_6$ 中 ATR-FTIR 的电位依赖性。研究发现，二碳酸锂和丙酸锂在 Au 电极上的还原起始电压为 0.6V，低于 EC 分子还原理论值（0.9V），这一过程是非催化的，具有热力学优势。相比之下，在 1.25V 时，Sn 电极表面生成了 2,5-二氧杂己烷二甲酸二乙酯和丙酸锂，说明了一个典型的催化过程。这些结果为解释阳极表面的电解液反应提供了一些新的见解。

　　基于 ATR 的原位 FTIR 电池仍然存在一些问题，即使用的薄膜电极与实际电极不一样，内反射模式下的薄膜电极不能采用高速率循环。为了解决这一问题，设计了一种原位 FTIR 电池，该电池可以像商业锂离子电池一样在普通循环条件下操作，并使用含有导电添加剂和黏合剂的普通电极，如图 3-8（a）所示。电池的底部是一个金刚石窗口，工作电极被涂在多孔碳纸上放置在上面。用玻璃纤维作为隔膜，用不锈钢盘支撑的锂金属作为对电极[7]。FTIR 技术也被用来研究电极和电解质界面通过电极化形成的气体反应产物，如图 3-8（b）所示。当电极极化时，电化学电池与光学电池相连。具有 KBr 窗口的光学电池包含用于吹扫的旋塞，并通过旋塞与电化学电池相连[8]。

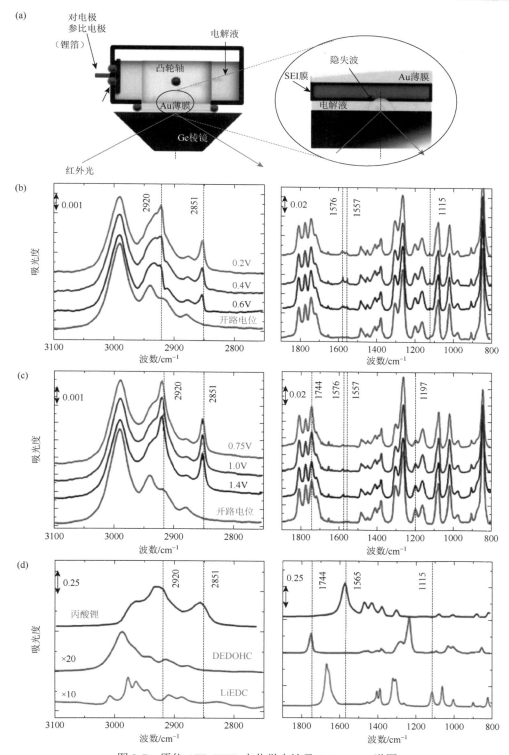

图 3-7　原位 ATR-FTIR 电化学电池及 ATR-FTIR 谱图

（a）原位 ATR-FTIR 电化学电池使用金和锡箔作为工作电极；（b）～（d）Au 和 Sn 电极在 1mol/L LiPF$_6$ 中的 ATR-FTIR 谱图

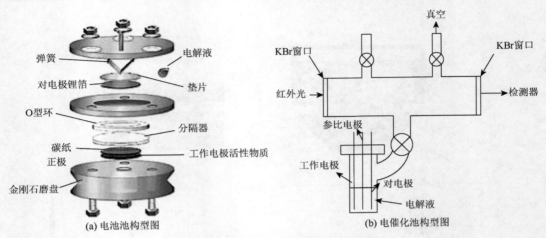

(a) 电池池构型图　　　　　　　　(b) 电催化池构型图

图 3-8　两种原位 FTIR 测试池示意图

# 3.4　原位附件性能参数

## 3.4.1　原位电催化附件性能参数

### 1. PIKE 10°传动配件

参数信息：样品水平放置，入射角 10°，配置照射样品的光纤支架，可测试固体与液体样品，适用常规透射样品支架，可吹扫，如图 3-9 所示。

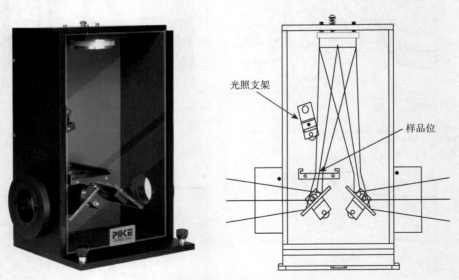

图 3-9　PIKE 10°传动配件

### 2. PIKE Gladi ATR 照射-Diamond ATR 用于光固化

参数信息：入射角：45°，晶体直径：3mm，最大耐压：30000psi（1psi = 6.89476×10$^3$Pa），

光谱范围：4000～30cm$^{-1}$，控温范围：室温至 210℃，照明波长：340～800nm 或 420～2000nm，如图 3-10 所示。

### 3. HARRICK Praying Mantis$^{TM}$ 反应腔

参数信息：高温：室温至 910℃，低温：−150～600℃，耐压范围：133μPa～3.44MPa 或 10$^{-6}$Torr（1Torr = 1.33322×10$^2$Pa）～1kTorr，气氛：可以充保护气体或反应气体，如图 3-11 所示。

图 3-10　ATR　　　　　　　　　　图 3-11　反应腔

### 4. 原位反应池（图 3-12）

参数信息：池体主要采用 316L 不锈钢材质，最高耐温 500℃，耐压 3MPa。

反应池可以配备高精度触摸屏温控仪进行精确控温和加热，同时利用冷却循环装置对反应池外部进行降温。反应池腔帽有三个窗口，其中两个为红外窗口，另一个为石英窗口，用于引入外部光源（光催化激发光源）或作为观察窗口使用。提供三个入口/出口，用于抽空池体和引入气体。可在反应池中形成挥发性有机物（VOC）、CO 等反应尾气。反应尾气先通入安全瓶再经特定溶液吸收后排至室外。各路气体均通过质量流量计来控制流量。反应气路操作界面方便友好，易于操作。可定制各类光学窗口，可选配高温拉曼池盖。

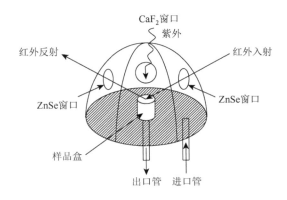

图 3-12　原位反应池

### 3.4.2　原位电池附件

#### 1. 可变入射角光学台

参数信息：衰减全反射晶体上具有一层增透膜，光通量增大 10%以上；电化学池密封性能好，可通入反应气体；衰减全反射晶体拆卸方便，方便打磨清洗，如图 3-13 所示。衰减全反射晶体种类可选，如 Si、$CaF_2$、ZnSe。

#### 2. 原位电化学反应池

参数信息：30～80 度连续可调，以保证不同电催化剂处于最大光通量状态；反应池密封性能好，可通入反应气体；Si/ZnSe/Ge/ZnS 等多种晶体可选，容易拆卸；PTFE 和石英池身，耐化学腐蚀；无口设计，满足各种应用需求。

图 3-13　可变入射角光学台

## 3.5　数据导出及处理

傅里叶变换红外光谱的测试是一件相对来说较为容易的事情，将制备好的样品插入样品仓中的样品架上，采集样品的单光束光谱，取出样品，采集背景的单光束光谱，就能得到一张傅里叶变换红外光谱。但是，要得到一张高质量的红外光谱并不是一件容易的事情。测试方法的选择、样品的制样技术、样品的用量、扫描次数的确定、测试时分辨率的选择、其他测试参数的确定等因素都会影响光谱的质量。因此，测试得到的红外光谱通常都需要进行数据处理。在对光谱进行数据处理之前，应将测得的光谱保存在计算机的硬盘中，因为这是光谱的原始数据。对光谱进行数据处理得到的新光谱，应重新命名保存。如果数据处理不得当，可以将原始数据调出来重新处理，也可能采用不同的数据处理技术对原始数据进行处理。因此，保存光谱的原始数据是一件非常重要的事情。

基本的红外光谱数据处理软件应包含在红外软件包中，但特殊的红外光谱数据处理软件需要单独购买。各个仪器公司编写的红外光谱数据处理软件使用方法可能不同，但基本原理是相同的。

傅里叶变换红外光谱是将干涉仪动镜扫描时采集的数据点进行傅里叶变换得到的。数据点连线得到光谱图。每一个数据点都由两个数组成，对应于 $X$ 轴（横坐标）和 $Y$ 轴（纵坐标）。对于同一个数据点，$X$ 值和 $Y$ 值取决于光谱图的表示方式，即取决于横坐标和纵坐标的单位。坐标的单位不同，$X$ 和 $Y$ 的数值是不相同的。因此，在采集数据之前，需要设定光谱的纵坐标单位。在采集数据之前，如果选定了光谱图的最终输出格式（final format），在采集完样品和背景光谱之后，经过计算机计算，就能马上按照设定的最终格式输出光谱。得到的光谱还可以根据需要进行坐标变换，得到其他格式的光谱。如果采用透射法测定样品的透射光谱，光谱图的纵坐标只有两种表示方法，即透射率（transmittance）$T$ 和吸光度（absorbance）$A$。透射率和吸光度之间可以相互转换，在计算机数据处理中就可以将二者进行转换。透射率光谱虽然能直观地看出样品对红外光的吸收情况，但是透射率光谱的透射率与样品的质量不呈正比关系，即透射率光谱不能用于红外光谱的定量分析。而吸光度光谱的吸光度 $A$ 值在一定范围内与样品的厚度和浓度呈正比关系，所以现在的红外光谱图大多数以吸光度光谱表示。

光谱既有纵坐标的变化也有横坐标的变化，和纵坐标一样红外光谱图的横坐标有两种表示法：波数（$cm^{-1}$）和波长（μm），波数×波长 = $10^4$。这两者之间的变换可以通过红外窗口显示菜单来实现。

数据处理中也包括基线的校正，无论用哪一种方法测得的红外光谱，其吸光度光谱的基线都不可能恰好在零线上。如果采用压片法测量，基线会出现倾斜现象，这是因为颗粒研磨得不够充分，压出来的样品不够透明而出现红外散射现象。采用糊状法测定透射率光谱时，在采集背景光谱的光路中，如果没有放置相同厚度的晶片，测得的光谱基线会向上漂移，这是因为晶片并不是 100%透光的。用红外显微镜或其他红外附件测定光谱还会出现干涉条纹。这些情况都需要进行基线校正。基线校正也就是基线调零，基线校正又分为自动校正和人工手动校正，一般都会选择自动基线校正。

背景扣除也是数据处理的一部分。傅里叶变换红外光谱仪基本上都采用单光路系统。测试光谱时，既要采集样品的单光束光谱，也要采集背景的单光束光谱。从样品的单光束光谱中扣除背景的单光束光谱，就可以得到样品的光谱。在测试透射率红外光谱时，如果用空光路采集背景单光束光谱，这时扣除的背景单光束光谱主要是扣除光路中的二氧化碳和水汽的吸收，同时也扣除了仪器各种因素的影响。

## 3.6　原位红外光谱仪及附件的保养和维护

原位傅里叶变换红外光谱技术发展非常迅速，每个仪器公司一般 3～5 年就推出一款新型号的仪器，但是作为一个实验室不可能经常更新仪器，一台红外光谱仪如果管理和维护工作做得好，一般能正常使用十年以上。如果能精心保养和精心维护仪器，用上 15 年、20 年也是有可能的。实践证明，只要使用得当，原位傅里叶变换红外光谱仪用上十几年，仪器的分辨率和信噪比没有发现明显的下降。因此，保养和维护好仪器是延长仪器使用寿命的重要环节。

原位傅里叶变换红外光谱仪使用的都是单相电源，电压 220V。单相电源连接的是火线和零线。但红外光谱仪还要求连接地线，也就是说，应该有三条电线与红外光谱仪电源相连接。零线和地线是两条不同概念的线路。与仪器电源连接的零线上有电流存在，而地线上不应该出现电流，只有出现漏电现象时地线上才有电流。

实验室的总电源是三相电，在总电源配电箱里，除了三条火线，还有一条零线，此外还应该有一条地线，即五线制。如果只有三条火线和一条零线，即四线，应视为不规范的配电。早期盖的建筑物，实行的是四线制，没有地线。用电线与配电箱的金属外壳相连接或与电线的金属套管相连接作为地线，这样的地线是不规范的地线。当仪器出现漏电现象时，这种地线不能起到保护仪器的作用。

如果总电源实行的是四线制而不是五线制，那么在装修红外光谱仪实验室时，应安装独立的地线。地线要求接地良好，地线电阻最好能在 1Ω 以下。

红外光谱仪电源除了应连接良好的地线，在配电线路上还应安装漏电保护装置。一旦出现漏电现象，电路会自动切断。

有时供电线路会突然断电，有时突然断电后马上又来电。这种现象对仪器电路会造成损坏，严重时会烧毁仪器。为了防止突然断电后又马上来电对仪器造成的不利影响，可在供电线路上安装磁力启动器。有了磁力启动器，断电后必须按启动按钮才会有电。

此外，最好给红外光谱仪配备稳压器，以防止外电路电压波动较大时对仪器造成损坏。如果只有红外主机和计算机，配备 1kW 的稳压器就足够了。除了红外主机，如果还有红外显微镜或拉曼附件，应配备 2kW 的稳压器。色红联用附件和热重红外联用应配备功率更大的稳压器。

红外光谱仪是一种可以连续工作的仪器。在国外，红外光谱仪在周末和节假日通常都不关机，只有在通知停电时才关机。现在的红外光谱仪，干涉仪如果是机械轴承干涉仪，在软件设计上都包含睡眠模式（sleep mode），即在仪器停止采集光谱数据后，过了一定的时间，干涉仪的动镜会自动停止移动。这样可以延长干涉仪的使用寿命。

红外光谱仪开机后很快就能稳定，光源通电后 15min 能量就能达到最高，开机后 30min 就可以测试样品。为了延长仪器的寿命，下午下班后最好关机，将供电电源全部断掉，这样能够确保仪器的安全。红外光谱仪的电源变压器、红外光源、He-Ne 聚光器及线路板都是有寿命的，因此仪器不使用时最好处于关机状态。

在夏天，空气湿度太大，对仪器非常不利。但是如果仪器天天使用，即使空气湿度大，对仪器也不会造成影响。在夏天，如果仪器长期不使用，仪器很容易损坏。因此在夏天，即使不使用仪器，每个星期至少应给仪器通电几个小时，除掉仪器内部各部件的潮气。有些红外光谱仪除了样品仓，其余部分为密闭体系，并安装干燥剂除湿。要经常观察干燥剂的颜色，及时处理和更换失效的干燥剂。如果仪器不是密闭体系，最好在样品仓中放置大袋布装硅胶，并经常将硅胶袋放入 120℃烘箱中烘烤。硅胶烘烤后，在放入样品仓之前应冷却至室温。

在红外光谱仪的零部件中，分束器是最容易损坏的，其次是 DTGS 检测器。中红外分束器基质是溴化钾或碘化铯晶片，DTGS 检测器窗口材料也是溴化钾或碘化铯晶体。因此中红外分束器和 DTGS 检测器最怕潮气。因此一定要保证光学台中的干燥剂处于有效状态。在南方，当空气的湿度很大时，为了保护分束器不至于受潮，当仪器不工作时，有的红外光谱仪管理员喜欢将分束器从光学台中取出，保存在干燥器里，使用时，再将分束器装回去。这样做虽然能使分束器免于受潮，但另一方面，经常从干涉仪中取出分束器，反而容易损坏分束器，因为取出和装入分束器，难免会发生碰撞。碰撞会使分束器表面出现裂痕，一旦出现微小的裂痕，通过分束器的光通量会急剧下降，仪器的测量灵敏度会大大降低。因此最好的办法是不要取出分束器，而是保持光学台中的气氛干燥。

如果所使用的红外光谱仪既能测试中红外，又能测试远红外或近红外，这样仪器在内部结构上保留有存放分束器的位置，不要将分束器取出存放在干燥器中。更换分束器时，应轻拿轻放，并将更换下来的分束器放置在存放分束器的位置上，这样能保证分束器的温度与仪器内部的温度一致，更换分束器后能马上进行测试。

光学台中的中红外 DTGS/KBr 检测器一般是固定不动的。如果有多种检测器，如MCT/A、DTGS/聚乙烯（polyethylene）、PbSe 等，除了光学台中安放两个检测器，多余的检测器应保存在大的干燥器中，这样既能使检测器保持干净，又能防潮。MCT/A 检测器使用几年后，真空度可能会降低。灌满液氮后的 MCT/A 检测器，如果液氮保存时间少于规定值，应将检测器重新抽真空。抽真空需要有特殊的接口，真空度达到 $5\times10^{-4}\text{Torr}$（约 $6.67\times10^{-2}\text{Pa}$）即可。

光学台中的平面反射镜和聚焦用的抛物镜，如果上面附有灰尘，只能用洗耳球将灰尘吹掉，吹不掉的灰尘不能用有机溶剂冲洗，更不能用镜头纸擦掉，否则会降低镜面的反射率。对于红外显微镜要注意防尘。红外显微镜不使用时，应罩上防尘罩。红外显微镜样品台下方的聚光器的开口是朝上的，灰尘落在聚光器镜面上会降低聚光器的反射率。因此不使用红外显微镜时，应在样品台上放置一张纸，以防止灰尘落在聚光器镜面上。在用显微镜测试样品时，应注意，不要让样品或杂物掉在聚光器镜面上。

如果干涉仪使用的是空气轴承干涉仪，推动空气轴承的气体必须是干燥的、无尘的、无油的。可以使用普氮或专供红外光谱仪使用的空气压缩机提供的压缩空气。如果由实验室压缩空气系统提供压缩空气，所使用的压缩机必须是无油空压机。压缩空气进入空气轴承之前，必须经过干燥和过滤，否则会沾污空气轴承，使其不能正常工作。吹扫光学台用的气体，也应做到干燥、无油和无尘。

远距离搬动红外光谱仪时，应将干涉仪中的动镜固定住，以免搬动时因剧烈振动损坏轴承。用水冷却型红外光源时，为了节约水资源，应使用循环冷却水泵供水。循环水泵需用去离子水，并在水中加入防冻剂和去生物剂。应定期检查供水软管和接口，防止因水管长期使用而老化，造成跑水事故。

安放红外光谱仪的仪器间和操作间应安装空调，仪器间的温度应控制在 $17\sim27^\circ\text{C}$。仪器光学台内如果有电源变压器，会产生热量，光源和电路板也是发热元器件，因此仪器内部的温度比仪器间的温度要高出好几摄氏度。如果仪器间温度太高，仪器不能正常工作。冬天仪器间温度太低时，仪器也不能正常工作。

仪器间和操作间的相对湿度最好维持在 50%左右。室内的湿度是很难控制的，一般的实验室没有控制湿度的条件。在我国北方，冬天室内相对湿度会下降到 20%左右，夏天会上升到 90%左右。在我国南方，全年室内相对湿度通常都会高于 50%。安装空调机后，夏天能除去室内的一部分水汽，但很难将室内相对湿度降到 50%左右。夏天湿度太高时，有条件的应在仪器间安放一台除湿机。湿度太低容易产生静电，湿度太高，仪器的零部件容易损坏。

仪器间的窗户最好安装双层玻璃。双层玻璃能有效地防止室外的灰尘进入室内。平时仪器间的窗户应该关严，若需要通风，也应尽快将窗户关上。有条件的实验室应将过滤后的空气送入室内。在北方，春天沙尘暴较多，空气中的沙尘颗粒浓度大，应关好门窗，注意防尘。

地面不宜铺地毯。若要铺地毯就要铺防静电的地毯。相对湿度低时容易产生静电。静电也有可能损坏仪器。

红外仪器间应与化学实验室分开。因为化学实验过程产生的气体和从试剂瓶中挥发出来的气体会腐蚀仪器的零部件，使仪器的寿命缩短。分束器上透 He-Ne 激光的半透膜镀层和 MCT 检测器的窗口材料都是 ZnSe。ZnSe 对卤化物气体非常敏感，因此要防止卤化物气体进入光学台。

安放红外仪器的实验台或实验桌应结实、牢靠，台面或桌面的厚度不能太薄，以防止因仪器长期放置产生变形弯曲。当红外仪器主机与红外显微镜附件、拉曼光谱附件、色红接口附件、热重红外接口附件等连接时，要求台面或桌面的厚度更厚些，以防止因台面或桌面弯曲而导致光路偏离原来的方向，使到达检测器的信号减弱，或使检测器检测不到信号，影响仪器的正常工作。

仪器的后面应留一定的空间，距离墙壁应有 0.5m 以上，给仪器的维修工程师留有足够的工作空间。

新购置的红外光谱仪安装调试完毕后，红外光谱仪的管理和维护人员应与仪器公司的安装工程师一起对仪器主机和各种仪器附件进行验收。验收合格后，双方在验收报告上签字。如果指标未达到要求，应要求供货方更换零配件、附件直至主机。红外光谱仪主机验收的主要内容有：仪器的最高分辨率、仪器的信噪比、仪器的稳定性和基线的倾斜程度、波数的准确性和重复性。

仪器的最高分辨率是红外光谱仪的最重要指标。不同档次的仪器分辨率是不相同的。仪器的档次分为：高级研究型、研究型、分析型和普通型。仪器的分辨率不同，验收方法也不相同。最高分辨率为 $0.1\text{cm}^{-1}$ 左右的仪器，验收时应该采用 10cm 长的 CO 气体池，分辨率低于 $0.5\text{cm}^{-1}$ 的仪器，可以采用测量光学台中水汽光谱或 CO 吸收峰半高宽的方法。

红外光谱仪的信噪比是衡量一台仪器性能好坏的一项非常重要的技术指标。但是信噪比的测量方法目前没有统一的、公认的标准，因此，各个红外光谱仪公司所给定的仪器信噪比没有可比性。每个红外光谱仪公司都有信噪比的测量方法，因此，信噪比指标的验收只能按照仪器公司的验收方法进行验收。测量仪器的信噪比实际上是测量仪器的噪声水平，也就是测量仪器基线上的噪声。基线噪声有两种表示方法：透射率光谱 100%基线的峰-峰值；吸光度光谱 0 基线的峰-峰值。

红外光谱仪是否稳定也非常重要。仪器的稳定性好，测定的数据才能重复。仪器稳定性的检验标准是测量基线的重复性和基线的倾斜程度。仪器稳定后，用 4cm$^{-1}$ 分辨率测定 100%基线，每隔 10min 测定一次，共测定 6 次，将 6 次测定得到的 100%基线用共同坐标画在同一张图上。某台最高分辨率为 0.1cm$^{-1}$ 的红外光谱仪 6 次测定得到的 100%基线基本重复，而且基线很平、很直，基线的倾斜程度很小，说明在所测定的 50min 内，仪器的重复性和稳定性很好。

综上所述，傅里叶变换红外光谱在研究电极和电解质的界面，特别是与拉曼光谱结合使用时是有用的。FTIR 数据可以洞察界面官能团的变化。此外，这些原位/操作光学技术也为其他技术带来了重要的补充信息，如聚焦于电极材料研究的衍射技术或聚焦于电极表面的扫描探针显微镜。

## 参 考 文 献

[1]　McKelvy M L, Britt T R, Davis B L, et al. Infrared spectroscopy[J]. Analytical Chemistry, 1996, 68(12): 93-160.

[2]　Zhao G F, Li H N, Gao Z H, et al. Dual-active-center of polyimide and triazine modified atomic-layer covalent organic frameworks for high-performance Li storage[J]. Advanced Functional Materials, 2021, 31(29): 2101019.1-2101019.9.

[3]　Li J T, Zhou Z Y, Broadwell I, et al. *In-situ* infrared spectroscopic studies of electrochemical energy conversion and storage[J]. Accounts of Chemical Research, 2012, 45(4): 485-494.

[4]　Marino C, Boulaoued A, Fullenwarth J, et al. Solvation and dynamics of lithium ions in carbonate-based electrolytes during cycling followed by operando infrared spectroscopy: The example of NiSb$_2$, a typical negative conversion-type electrode material for lithium batteries[J]. The Journal of Physical Chemistry C, 2017, 121(48): 26598-26606.

[5]　Alves Dalla Corte D, Caillon G, Jordy C, et al. Spectroscopic insight into Li-ion batteries during operation: An alternative infrared approach[J]. Advanced Energy Materials, 2016, 6(2): 1501768.

[6]　Shi F, Ross P N, Zhao H, et al. A catalytic path for electrolyte reduction in lithium-ion cells revealed by *in situ* attenuated total reflection-Fourier transform infrared spectroscopy[J]. Journal of the American Chemical Society, 2015, 137(9): 3181-3184.

[7]　Matsui M, Deguchi S, Kuwata H, et al. In-operando FTIR spectroscopy for composite electrodes of lithium-ion batteries[J]. Electrochemistry, 2015, 83(10): 874-878.

[8]　Sharabi R, Markevich E, Borgel V, et al. *In situ* FTIR spectroscopy study of Li/LiNi$_{0.8}$Co$_{0.15}$Al$_{0.05}$O$_2$ cells with ionic liquid-based electrolytes in overcharge condition[J]. Electrochemical and Solid-State Letters, 2010, 13(4): A32.

# 第4章　原位拉曼光谱仪及其在电化学中的应用

电极/电解质界面和电极过程动力学是现代基础电化学研究的重要方向。表征和理解电化学界面和电极过程动力学是研究的关键。常规电化学研究方法主要通过对电化学体系施加电位或电流信号并测量相应的电流、电位和电量等响应信号来获得电化学界面、反应动力学等信息[1]。这些方法难以直接在分子水平上获得反应物、反应中间物种和产物等关键信息。将具有高能量分辨率的谱学技术应用于表征电化学过程，特别是发展原位电化学光谱技术，能够获得电化学过程微观信息（如分子水平上的信息、表面形貌等），为深刻理解电化学反应机理、研究电极/电解质界面和电极过程动力学提供证据[2]。目前，已有一些光谱技术应用于电化学界面的原位表征，如表面增强拉曼光谱（surface-enhanced Raman spectroscopy，SERS）[3]。

由于受到广泛用作溶剂的水分子的影响很小且能够检测振动频率很低的物种，原位电化学常规拉曼光谱（electrochemical normal Raman spectroscopy，ECNRS）和电化学表面增强拉曼光谱（electrochemical SERS，EC-SERS）已成为原位研究电化学过程的有力工具。特别是 EC-SERS 技术具有极高灵敏度和表面敏感性，在一定条件下可以检测材料表面的单个分子[3-5]。自从在粗糙的 Ag 电极表面获得吡啶的 EC-SERS 以来[6-8]，EC-SERS 已经成功地应用于研究电极溶液界面和表面电化学反应[3, 9-11]。例如，Gao 等[12]利用 EC-SERS 表征了硝基苯在 Au 电极表面电化学分步还原的中间体；Li 和 Gewirth[13]应用 EC-SERS 表征了氧还原反应中的过氧物种；Wang 等和 Huang 等[14, 15]结合 EC-SERS 与理论计算，表征了 Ag 电极表面苄基氯的还原路径并系统研究了反应机理；Lai 等[16]应用 EC-SERS 发现乙醇和乙醛的电化学氧化过程需在 Pt 电极表面形成甲基吸附物种等。在 EC-SERS 基础之上发展而来的电化学针尖增强拉曼光谱（electrochemical tip-enhanced Raman spectroscopy，EC-TERS）[17]和电化学壳层隔绝纳米颗粒增强拉曼光谱（electrochemical shell-isolated nanoparticles enhanced Raman spectroscopy，EC-SHINERS）[10, 11]等技术进一步拓展了电化学原位拉曼光谱技术的应用范围，并推动了表面电化学的发展。

电化学原位拉曼光谱法，是利用物质分子对入射光所产生的频率发生较大变化的散射现象，将单色入射光（包括圆偏振光和线偏振光）激发受电极电位调制的电极表面，通过测定散射回来的拉曼光谱信号（频率、强度和偏振性能的变化）与电极电位或电流强度等的变化关系。一般物质分子的拉曼光谱很微弱，为了获得增强的信号，可采用电极表面粗化的方法，得到强度高 $10^4 \sim 10^7$ 倍的表面增强拉曼光谱，当具有共振拉曼效应的分子吸附在粗化的电极表面时，得到的是表面增强共振拉曼散射（surface enhanced resonance Raman scattering，SERRS）光谱，其强度又能增强 $10^2 \sim 10^3$ 倍。

电化学原位拉曼光谱法的测量装置主要包括拉曼光谱仪和原位电化学拉曼池两个部分。拉曼光谱仪由激光源、收集系统、分光系统和检测系统构成，如图 4-1 所示。激光源一般采用能量集中、功率密度高的激光。收集系统由透镜组构成。分光系统采用光栅或陷波滤光片结合光栅以滤除瑞利散射和杂散光。分光检测系统采用光电倍增管检测器、半导体检测器或多通道的电荷耦合器件。电极表面粗化的最常用方法是电化学氧化-还原循环（oxidation-reduction cycle，ORC）法，一般可进行原位或非原位 ORC 处理。

图 4-1　实验室用拉曼光谱仪

# 4.1　拉曼光谱学基础知识

　　拉曼光谱（Raman spectroscopy）是一种散射光谱，早在 1923 年科学家观察到了光散射时的颜色改变现象。1928 年，印度物理学家拉曼通过透镜将太阳光聚光后，照射到无色透明的液体苯样品上，然后采用不同颜色的滤光片观察光的变化情况。在实验中他发现了与入射光波长不同的散射光，并记录了散射光谱。拉曼的这项工作于 1930 年获得了诺贝尔物理学奖。为了纪念这一发现，人们将与入射光不同频率的散射光称为拉曼散射光。由于拉曼散射光的频率与入射光的不同，产生的频率位移称为拉曼位移。当拉曼散射光与入射光的频率之差与发生散射的分子振动频率相等时，通过拉曼散射光的测定可以得到分子的振动光谱。拉曼光谱和红外光谱同属于分子振动-转动光谱，但它们的机理是不同的。红外光谱是分子对辐射源红外光的特征吸收，可以直接观察到样品分子对辐射能量的吸收情况；而拉曼光谱则是对分子辐射源的散射。

　　拉曼光谱分析法是基于印度物理学家拉曼于 1928 年所发现的拉曼散射效应，对与入射光频率不同的散射光谱进行分析以得到物质分子振动、转动方面信息，并应用于分子结构研究的一种分析方法。由于拉曼散射非常弱，进行拉曼光谱研究的仪器技术发展滞后，在早期拉曼光谱技术并未得到人们的关注。直到 20 世纪 60 年代，理想光源激光器的出现使拉曼光谱技术发生了很大变革，有力推动了拉曼散射的研究及其应用。目前拉曼光谱技术已广泛应用于材料科学、化学、物理、生命和医学等各个领域,对于纯定性分析、定量分析和测定分子结构都有很大价值。

### 4.1.1　拉曼光谱学的发展

拉曼光谱中谱带的数目、强度和形状,以及频移的大小等都直接与分子的振动和转动跃迁相关,因此,从拉曼光谱中能得到分子结构的信息,这在分子结构和分析化学研究中发挥过巨大的作用。仅在拉曼效应被发现后的 10 年间,就发表了 2000 篇研究论文,报道了约 4000 个化合物的拉曼光谱图,大大促进了分子光谱学理论的发展。

1946 年前后,廉价的双光束红外光谱仪问世,使红外光谱测试技术大为简化,对各种状态的样品都能得到满意的光谱图,其方便程度大大超过了拉曼光谱。因此,拉曼光谱曾一度有被红外光谱技术取代的趋势。这是因为,在当时拉曼光谱的实验技术还有许多困难。例如,拉曼散射光的强度很弱,只有瑞利散射强度的 $10^{-6}\sim10^{-3}$,激发光源(汞弧灯)的能量低,曝光时间长达数小时到数十天,样品用量大,荧光干扰严重,只限于测试无色液体样品等。这些都限制了拉曼光谱的发展和应用。

20 世纪 60 年代初期,随着激光技术的发展,输出功率大、能量集中、单色性和相干性能好的激光用作拉曼光谱仪的激发光源,使拉曼光谱获得了新的生命力。加之高分辨率、低杂散光的单色仪,光子计数系统和计算机的应用,现代拉曼光谱的测量与红外光谱一样方便。由于拉曼光谱具有制样简单、一次扫描范围广(从几十个到四千个波数)、水作溶剂对其没有干扰等优点,在研究分子结构时红外和拉曼光谱相互补充,成为不可缺少的两种测试手段。

20 世纪 70 年代后,多谱线和连续谱线输出的可调谐激光器,促使拉曼光谱技术发展和应用。对一些在很大光谱范围有吸收的样品,可以很方便地选择在样品吸收谱带频率相等或接近的激发线进行共振拉曼谱测量,其强度是普通拉曼光谱的 $10^2\sim10^4$ 倍,该现象称为共振拉曼散射(resonance Raman scattering,RRS)现象。此外,1974 年,弗莱施曼(Fleischmann)发现,在银电极上吸附的吡啶的拉曼散射强度异常增强,增强倍数达 $10^4\sim10^6$。这种在金、银、铜等金属的粗糙表面上吸附一些基团和化合物,其拉曼散射强度大大增加的现象称为表面增强拉曼散射效应。由于 RRS 和表面增强拉曼散射技术,以及它们联用得到的表面增强共振拉曼散射(surface enhanced resonance Raman scattering,SERRS)技术,具有高度的选择性和灵敏度,适合稀溶液的研究,这对浓度小的自由基和生物材料的研究特别有利。有关 RRS 和表面增强拉曼散射技术在生物化学、配位化学,特别是过渡金属配位化合物的分析研究,仍然是当前拉曼光谱研究十分活跃的一个领域。

傅里叶变换拉曼(FT-Raman)光谱是近十几年来发展起来的新技术,它采用含有 Nd 的钇铝石榴石单晶体,激发波长为 1064nm 的近红外激光器,代替传统的可见光激光器,并将傅里叶变换原理与拉曼光谱结合起来。因此,具有以下几个优点:

(1)由于 FT-Raman 是在波长更长的红外光波段下获取拉曼信号,能够避开荧光的干扰,也有效地避免了激光照射样品时发生的光化学反应,大大拓宽了拉曼光谱的应用范围,并可以穿透生物组织,直接获取生物组织内分子的有用信息。在目前各种化合物中,约有 80%能给出理想的 FT-Raman 光谱图。

（2）FT-Raman 光谱仪的测量速度快，能快速地一次性进行全波段范围的扫描，所得的干涉图由计算机进行傅里叶变换，立即转换成拉曼光谱图，操作简单方便。

（3）与传统的色散型光谱仪相比，FT-Raman 光谱仪还具有分辨率高、灵敏度好的特点。它采用激光干涉条纹测定光程差，测定的波数精度和重现性更好。

但它也具有信噪比低、低波数范围不能测量的弱点。由于水对近红外光的吸收，影响 FT-Raman 光谱仪测量水溶液的灵敏度。随着 FT-Raman 光谱仪的不断完善，它终将成为实验室的常用光谱分析仪，在化学化工、生物医学、环境科学和半导体电子技术等领域的研究应用中发挥重要作用。

## 4.1.2　瑞利散射和拉曼散射

瑞利散射和拉曼散射都是光散射现象的一种。单色光束的光子（频率 $\nu_0$）与分子相互作用时可发生弹性碰撞和非弹性碰撞。当发生弹性碰撞时，光子与分子之间是没有能量交换的，光子只改变运动的方向而不改变频率和波长，这种散射过程称为瑞利散射。而发生非弹性碰撞时，光子和分子之间发生了能量交换，光子不仅改变了运动方向，同时光子的一部分能量会传递给分子，或者分子的振动和转动能量会传递给光子，从而改变了光子的频率和波长，这种散射过程称为拉曼散射。瑞利散射的强度通常只有入射光强度的 0.1%；而拉曼散射强度则只有瑞利散射强度的 0.1%。

拉曼散射一般由斯托克斯（Stokes）拉曼散射（$\nu_0-\nu$）和反斯托克斯（anti-Stokes）拉曼散射（$\nu_0+\nu$）组成。对于斯托克斯拉曼散射，入射光子（$h\nu_0$）将处于基态能级（$E_0$）的分子激发到虚态（$E_0+h\nu_0$），由于分子处于激发虚态能级下不稳定，返回到比基态能级（$E_0$）高的振动激发态（$E_1$），分子得到的能量为 $\Delta E$，恰好等于光子失去的能量：

$$\Delta E = E_1 - E_0$$

与之相对应的光子频率改变 $\Delta\nu$，为

$$\Delta\nu = \Delta E / h$$

式中，$h$ 为普朗克常数。此时，斯托克斯散射光的频率为 $\nu_s$：

$$\nu_s = \nu_0 - \Delta E / h$$

$$\Delta\nu = \nu_0 - \nu_s$$

斯托克斯散射光的频率低于激发光频率 $\nu_0$。

对于反斯托克斯拉曼散射，入射光将处于振动激发态（$E_1$）的分子激发到激发虚态，再返回到基态（$E_0$），释放出的光子比入射光子能量高 $\Delta E$，反斯托克斯散射光的频率 $\nu_{as}$ 为

$$\nu_{as} = \nu_0 + \Delta E / h$$

$$\Delta\nu = \nu_{as} - \nu_0$$

反斯托克斯散射光的频率高于激发光频率。

斯托克斯与反斯托克斯散射光的频率与激发光频率之差 $\Delta\nu$ 统称为拉曼位移（Raman shift）。根据玻尔兹曼方程，常温下处于基态（$E_0$）的分子数比处于振动激发态（$E_1$）的

分子数多，因此，通常情况下，斯托克斯线的强度大于反斯托克斯线的强度，因而拉曼光谱仪通常测定的大多数是斯托克斯散射，也统称为拉曼散射。

### 4.1.3　拉曼光谱线的产生条件

拉曼散射发生的过程与物质直接吸收红外辐射有很大的不同，因此对于拉曼散射光谱，不要求如红外吸收振动有偶极矩的变化，但是却要求有分子极化率的变化。依据极化率原理，在静电场中的原子或分子，原子感应产生偶极子，原子核移向偶极子负端，电子云移向偶极子正端。这个过程对分子在入射光的电场作用下同样是适用的。分子在入射光的电场中发生极化，正负电荷中心相对移动，极化产生诱导偶极矩 $P$，它正比于电场强度 $E$，符合 $P = aE$ 的关系，其中比例常数 $a$ 称为分子的极化率。拉曼散射的发生必须在有相应极化率 $\alpha$ 的变化时才能实现，可见拉曼位移与入射光频率无关，而仅与分子振动能级的改变有关，不同物质的分子具有不同的振动能级，因而有不同的拉曼位移。

## 4.2　原位拉曼器件装置

原位拉曼光谱仪通常采用激光作为光源。将激光通过透镜聚焦在样品上，然后在垂直入射的方向收集散射光。散射光通过一个滤光装置过滤掉原波长的散射光（瑞利散射），然后被光栅分解成不同波长的光入射进探测器。探测器将光信号转为电信号输入计算机，获得拉曼光谱。

目前，在国内外研究机构中广泛使用的拉曼光谱仪主要是光栅色散型的拉曼光谱仪。这种类型的光谱仪主体部分由以下构成：激光器（光源，通常为连续激光器）、样品外光路系统、单色仪（分光用）、放大及探测器、对应的控制器、原位电化学拉曼池等。

具体分类，可以将拉曼光谱仪的基本器件装置介绍如下：

1）激发光源

激发光源主要是各种类型的激光器，常用的有氩离子激光器、氪离子激光器、He-Ne激光器、Nd:YAG 激光器和二极管激光器等。各种激光器对应不同的波长，最常用的激发谱线是氩离子激光器的两条强线：488nm 蓝光和 532nm 绿光。其他激光器，如氪离子激光器，主要是提供近紫外谱线，219nm、242nm 和 266nm；He-Ne 激光器的激发谱线常用的是 633nm；Nd:YAG 激光器激发最强也是最常用的是波长为 1064nm 的谱线，一般适用于开展共振拉曼散射的染料激光器的泵（pump）光源。有时，同一个拉曼光谱仪会配置多个激光器，以便根据实验需要和样品特征选用合适的激发波长。

2）收集光学系统

收集光学系统通常由各种光学器件组成，一般按照光路前后顺序为前置单色仪、偏振旋转器、聚焦透镜、样品、收集散射光透镜（组）检偏器等。值得注意的是，根据激光入射和收集散射光角度的不同，散射有 0°、90° 和 180° 三种配置（后两者较常见）。

为适应固体、液体、薄膜、气体等各种形态的样品，放置样品的样品室除装有三维可调的样品平台外，还备有各种样品池和样品架。为适应动力学和电化学原位实验，样品台还可拓展连接原位电化学拉曼池，并可配置高温炉或液氮冷却装置，以满足实验中的控温需要。

　　3）单色仪

　　单色仪分光通常采用光栅分光形式，有单光栅、双光栅和三光栅等，基本上都是平面全息光栅。典型的滤光部件是前置单色仪，可以滤去光源中非激光频率的大部分光能。双单色仪即由两个单色仪串联而成。从样品收集拉曼散射光，通过入射狭缝 $S_1$ 进入双单色仪，经光栅 G 分光，由中间狭缝 $S_3$ 和 $S_4$ 进一步减小杂散光对测量的干扰，然后由出射狭缝 $S_2$ 进入光电倍增管。

　　为了减少杂散光的影响，整个双单色仪的内壁及狭缝均为黑色。为保证测量的精度，整个双单色仪应保证在恒温 24℃ 下工作。

　　4）检测和控制系统

　　传统的拉曼光谱仪采用光电倍增管，目前多采用 CCD 探测器，通过液氮制冷或半导体制冷获得低热噪声和高精度信号。实际使用过程中，特别要注意避免强光的进入，在拉曼测试设置参数时，一定要把瑞利线挡住，以免因瑞利线进入，造成过载而烧毁光电倍增管。长时间冷却光电倍增管，会使它的暗计数维持在较低的水平，这对减少拉曼光谱的噪声，提高信噪比是有利的。

　　5）原位电化学拉曼池

　　原位电化学拉曼池通常具有工作电极、辅助电极和参比电极，以及通气装置。为了避免腐蚀性溶液和气体侵蚀仪器，拉曼池必须配备光学窗口的密封体系。在实验条件允许的情况下，为了尽量避免溶液信号的干扰，应采用薄层溶液（电极与窗口间距为 0.1～1nm）。这对于显微拉曼系统很重要，光学窗片或溶液层太厚会导致显微系统的光路改变，使表面拉曼信号的收集效率降低。

# 4.3　电化学中原位测试样品制备和测试技术

　　目前，采用电化学原位拉曼光谱法测定的研究方向主要有：①通过表面增强处理将检测体系拓宽到过渡金属和半导体电极。虽然电化学原位拉曼光谱是现场检测较灵敏的方法，但仅有银、铜、金三种电极在可见光区能给出较强的 SERS。许多学者试图在具有重要应用背景的过渡金属电极和半导体电极上实现 SERS。②通过分析研究电极表面吸附物种的结构、取向及对象的 SERS 与电化学参数的关系，对电化学吸附现象作分子水平上的描述。③通过改变调制电位的频率，可以得到在两个电位下变化的时间分辨谱，用于分析体系的 SERS 谱峰与电位的关系，解决由于电极表面的 SERS 活性位随电位变化而带来的问题。

## 4.3.1　表面增强拉曼光谱技术

　　1. 表面增强拉曼光谱概述

　　1928 年，印度物理学家 Raman[18]发现了拉曼散射效应，这项技术因种种实验条件限制经历了长久的坎坷发展，在最初的 30 年内几乎无人问津。直到 20 世纪 60 年代以后，激光器、分光器、检测器及计算机等一系列技术的发展有效地带动了拉曼光谱的研究，使得拉曼光谱在分子光谱领域中初露头角。然而表界面分子数目少，拉曼散射信号强度弱，这使得拉曼光谱技术在表界面研究中的应用仍然困难重重。

1974 年，通过电化学粗糙化方法，Fleischmann 等[19]获得了吸附在粗糙银电极表面的吡啶的高质量拉曼光谱。随后，Jeanmaire[8]和 Albrecht 等[20]在经过严谨的实验和计算后得出结论，吡啶在粗糙化银电极上的信号增强来源于某种增强效应而非单纯的表面积增加，这种效应在之后被称为 SERS。

SERS 对于拉曼光谱的研究可以说是一个历史性的突破，对表界面科学和光谱学有着深远的影响。它使得表界面拉曼光谱学不再受制于检测灵敏度过低这一本质缺点，得以在电化学、生物医药、环境科学、材料科学等诸多领域中实现更广泛的应用。

根据目前最普遍接受的观点，SERS 的增强主要来源于局域表面等离激元共振（localized surface plasmon resonance，LSPR）效应，这也被称为 SERS 的电磁场增强机理[21]。该机理认为，若激发光的波长满足金属中导带电子的共振频率的要求，则在具有一定纳米结构的金属表面可以激发表面等离激元共振，金属表面周围由于谐振相互作用会产生较强的局域光电场，进而增强处于局域光电场中分子的拉曼信号。

尽管 SERS 的出现使拉曼光谱的适用领域得到了极大的拓展，但研究人员在实验中也逐渐发现 SERS 存在的两大普适性问题。一是衬底材料的普适性，只有在金、银、铜和一些不常用的碱金属表面才能得到较强 SERS 效应，除此以外的金属体系一直没能在实验中检测出强的 SERS 效应；二是表面形貌的普适性，只有在粗糙的或具有一定纳米结构的金属表面才能得到高 SERS 活性，表界面研究中常用到的平滑表面乃至单晶表面均无法用于 SERS 研究。这使得 SERS 技术在很长一段时间内并未被表面科学家所认可。

2. 表面增强拉曼光谱的增强机理

SERS 主要基于电磁场增强机理。SERS 电磁场理论的核心在于借助光和金、银等纳米结构的相互作用，增强纳米结构表面狭小区域内的光电场（也称近场）。该狭小区域也称为"热点"。处于热点中的待测分子的光散射和光吸收截面都被增强，如图 4-2 所示。

热点内局域电场的强度与分子的光吸收/散射效率直接相关。提高 SERS 增强衬底表面热点内局域电场强度是 SERS 技术发展的关键难题。SERS 增强衬底可划分为非耦合型增强衬底和耦合型增强衬底两大类。非耦合型增强衬底，如单个纳米颗粒、金属膜及非金属表面的金属探针等，通常只支持局域表面等离激元、传播表面等离激元和避雷针效应中的一种机理。非耦合型增强衬底的局域场增强因子较小，通常小于 5 个数量级，是研究局域场耦合的模型结构。耦合型增强衬底，特别是具有纳米间隙或者纳米尖端结构的增强衬底，分子拉曼散射和红外吸收信号会得到显著增强，检测灵敏度可达单分子水平。典型的耦合型增强衬底结构有纳米颗粒-纳米颗粒二聚体（dimer）、寡聚体结构（oligomer）、阵列结构（array）、蝴蝶结（bow-tie）结构和金（或银）扫描探针-金（或银）衬底耦合结构等，如图 4-3 所示。

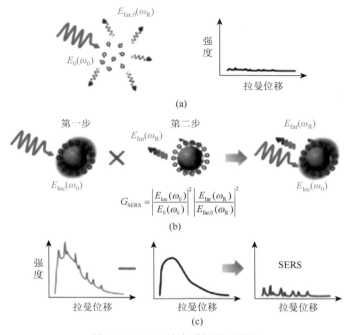

图 4-2　SERS 的电磁场增强原理

（a）分子的拉曼散射及拉曼光谱；（b）吸附于金属纳米球表面分子的 SERS 的两步增强机理；（c）SERS 的数据处理

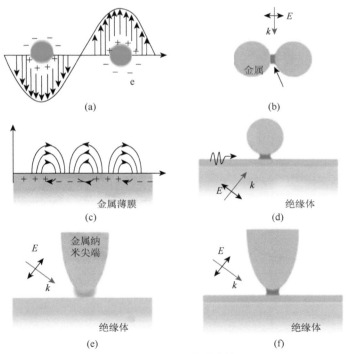

图 4-3　SERS 典型结构

（a）局域表面等离激元纳米结构；（b）具有纳米间隙支持 LSP 的纳米颗粒二聚体；（c）支持 SPP 的金属薄膜；
（d）支持 SPP-LSP 耦合的颗粒-膜耦合结构；（e）支持 LSP 并充当避雷针的纳米尖端；（f）纳米尖端-膜耦合结构；
SERS 表示表面增强拉曼光谱

　　除了提高衬底的局域电场强度，SERS 衬底在应用中还存在衬底普适性低和信号重现性不足的难题。壳层隔绝纳米颗粒增强拉曼光谱（SHINERS）是克服这一难题的强有力的创新方法，在材料表面化学分析中已发挥出独特的技术优势和巨大的实际应用效能。SHINERS 技术的关键是制备超薄介质壳层包覆的金（或银）核的核壳结构纳米颗粒，其中壳层材质如 $SiO_2$、$Al_2O_3$ 等具有绝缘性和化学惰性，既避免了分子吸附于金（或银）核表面产生干扰信号，又减小了纳米颗粒和待测衬底发生烧融的概率，提升了体系稳定性。借助 SHINERS 中金（或银）核与待测金属材料衬底的耦合作用，金属衬底上吸附分子的拉曼信号得到显著放大，例如，实现了对不同晶面 Au、Pt 等金属单晶上痕量电催化中间产物的识别，为揭示相关电催化反应的路径和机理提供了关键证据（图 4-4）。

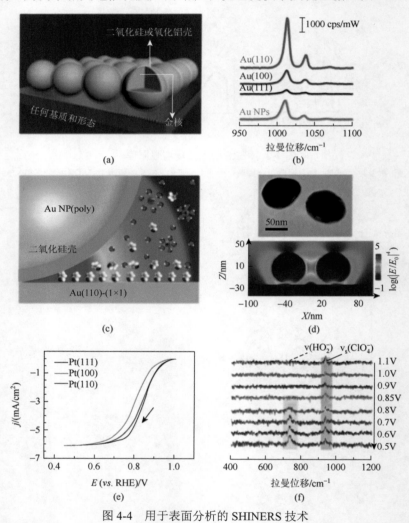

图 4-4　用于表面分析的 SHINERS 技术

（a）衬底表面的 SHINERS 粒子示意图；（b）吸附在 Au(111)、Au(100) 和 Au(110) 表面的吡啶分子的 SHINERS 图；
（c）SHINERS 实验示意图，电磁场强度由颜色代表，红色（强）和蓝色（弱）；（d）SHINERS 粒子的 TEM 成像和 Pt 衬底表面的三维有限时域差分（3D-FDTD）模拟；（e）在氧气饱和的 0.1mol/L $HClO_4$ 中的氧化还原反应（ORR）过程三个旋转环盘 Pt 单晶电极上的极化曲线，转速为 1600r/min，扫描速度为 50mV/s，坐标轴 j 和 E 分别代表电流密度和电位；
（f）变电位条件下 Pt(111) 电极表面的 ORR 测试的 EC-SHINERS 图

类似壳层隔绝技术的核壳结构构筑策略也适用于表面增强红外吸收光谱（surface-enhanced infrared absorption spectroscopy，SEIRA）技术。由金壳层和介质内核构筑的阵列 SEIRA 增强衬底不仅在近红外区有等离激元响应，在中红外区也显示出宽光谱共振响应。如图 4-5 所示，位于近红外区域的等离激元响应源自单个纳米壳结构的多极等离激元共振，而位于中红外区域的宽谱响应带则源自多粒子结构的偶极共振耦合。耦合纳米结构是提高 SERS 和 SEIRA 衬底表面增强性能的有效方式，通过耦合效应可将衬底拓展为 SERS 和 SEIRA 同时响应的衬底。

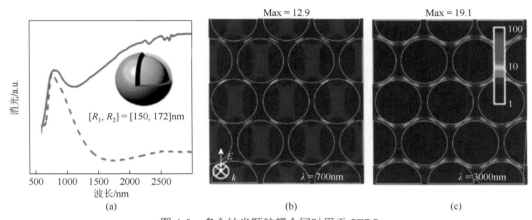

图 4-5　多个纳米颗粒耦合同时用于 SERS
（a）红外等离激元响应；（b）700nm 波长下的衬底模拟（c）3000nm 波长下的衬底模拟

虽然基于上述耦合纳米结构的 SERS 增强衬底可有效提高拉曼和红外光谱的检测灵敏度，要实现超高灵敏的 SERS 测量尚有一定难度。研究成功的报道往往集中于拉曼散射或红外吸收截面较大的少数分子体系，其增强衬底结构在实际应用中尚面临一些困难。特别是如何使应用面最广的 SERS 衬底，如单个 SHINERS 粒子、针尖增强拉曼光谱（TERS）探针、单根 SEIRA 棒，也具备超高检测灵敏度，即使面对散射或吸收截面较小的分子仍可获得有效的检测信号。这一问题仍充满挑战。因此，进一步针对特定的微纳衬底而优化设计宏观光学系统的研究成为迈上更高灵敏度这一新台阶的关键。

3. 基于微纳结构衬底的宏观光学设计

SERS 信号与多重因素有关，其强度具体可用下式表示：

$$I_{SERS}^{k} = \frac{2^7}{3^2}\frac{\pi^5}{c^4} I_0 (\nu_0 - \nu_{k,mn})^4 \sum_{\rho\sigma} |(\alpha_{\rho\sigma})_{mn}|^2 NA\Omega QT_m T_0 \cdot G_{SERS}$$

式中，$c$ 是光速；$I_0$ 是入射强度；$\nu_0$ 和 $\nu_{k,mn}$ 分别是入射光和第 $k$ 个振动简正模的频率；$N$ 是基底上吸附质的数量密度；$A$ 是激光束照射的表面积；$\Omega$ 是采集光学器件的立体角；$(\alpha_{\rho\sigma})_{mn}$ 是吸附质相对于第 $k$ 个简正模的极化率导数的 $\rho\sigma$ 分量；$G_{SERS}$ 是衬底通过等离激元和避雷针效应造成的局域场增强。上述公式清楚表明，SERS 的强度不仅与微纳衬底的增强因子有关，也与仪器的参数，如光耦合效率 $\Omega$、检测器效率 $Q$、色散系统的通量 $T_m$ 和光学系统的透过率 $T_0$ 直接相关。虽然在 Raman 发展的历程中，针对光学系统的研究从未停止，但聚焦在光学系统和微纳衬底之间的耦合效率的研究还很少。耦合效率 $\Omega$ 可进一步展开为

$$\Omega \propto \left( \frac{S_{\text{exci}} M_{\text{e-e}}}{\Omega_{\text{e}}} \right) \cdot (\Omega_{\text{c}} S_{\text{scat}} M_{\text{c-s}})$$

式中，$\Omega_{\text{e}}$ 为激发光的空间角集中程度；$S_{\text{exci}}$ 为微纳衬底的定向激发性质；$M_{\text{e-e}}$ 为激发光和衬底之间的匹配程度；$\Omega_{\text{c}}$ 为收集系统的定向收集能力；$S_{\text{scat}}$ 为微纳衬底的定向辐射属性；$M_{\text{c-s}}$ 为 $\Omega_{\text{c}}$ 和 $S_{\text{scat}}$ 之间的匹配程度。上述两个公式清晰地描述了宏观光学系统和微纳衬底之间匹配程度对获得超灵敏 SERS 的重要意义。

　　图 4-6 为 SERS 中传统的耦合光学设计，以及考虑衬底与光学系统匹配后的耦合光学设计。与传统方式相比，后者可在微纳衬底表面激发出更强的热点，获得更灵敏的 SERS 检测效果。

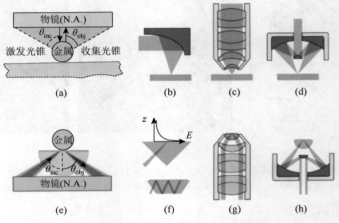

图 4-6　SERS 和 SEIRA 中的光学设计

（a）传统的激发光锥和收集光锥；（b）抛物面反射式聚焦镜；（c）折射式物镜；（d）反射式物镜；（e）SERS 和 SEIRA 中精细设计的激发和收集空心光锥；（f）基于棱镜和波导结构的激发光学；（g）基于棱镜的折射式空心光锥透镜；（h）基于棱镜的反射式空心光锥物镜

1）角度激发

　　通过 ATR 棱镜定向激发 SERS 衬底获得更高检测灵敏度是最常见的宏观光学设计增强微纳光学衬底的例子。如图 4-7 所示，在二氧化硅半球柱面镜上蒸镀一层银膜，扫描激发光角度，在很窄的角度范围内可观察到表面等离激元效应。在该角度下收集纳米颗粒构成的 SERS 衬底的拉曼散射信号，其光谱增强性能与金属膜表面相比可提高 2～3 个数量级。更多的基于波导结构激发 SERS 的研究也证明了将激发光能量集中在某一窄角度范围内，可进一步提高衬底的 SERS 性能。

2）定向辐射收集

　　定向辐射收集主要体现在 SERS 衬底表面。SERS 衬底作为天线，接收远场光并在近场区域产生电磁场"热点"，从而激发"热点"内的分子。分子辐射的拉曼信号再次激发 SERS 衬底并辐射至远场。研究表明，远场辐射的 SERS 信号表现出强烈的定向辐射属性。如图 4-8 所示，二聚体和三聚体的 SERS 远场辐射信号集中在很窄的空间角度范围内，而该空间角度甚至超过了显微物镜的收集角度范围，导致大量信号无法被测量。该实验结果证明宏观光学系统设计在提高 SERS 信号收集效率方面是非常必要的。

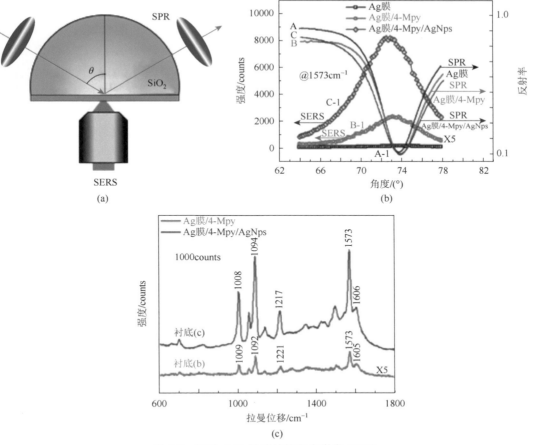

图 4-7　基于 ATR 棱镜结构定向激发 SERS

（a）Kretschmann SPR 传感器示意图；（b）4-Mpy 单层分子修饰银膜和纳米颗粒修饰银膜的入射角相关 SERS 光谱；
（c）在 SPR 角入射角下 4-Mpy 在银膜和纳米粒子修饰的银膜上的 SERS 光谱

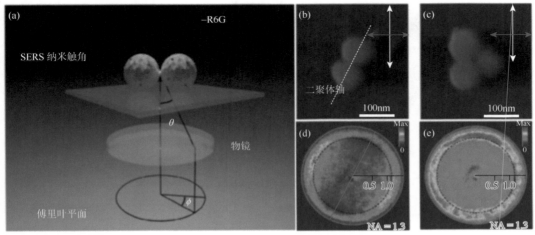

图 4-8　二聚体和三聚体表面 SERS 信号的远场辐射特征

（a）角度分辨 SERS 检测方案；（b）～（c）二聚体天线和三聚体天线的 SEM 图像；（d）～（e）金二聚体纳米天线和
金三聚体金纳米天线的 SERS 傅里叶图像

3）兼顾角度激发和定向辐射收集的光学设计

角度激发可提高 SERS 激发效率，定向辐射收集可提高 SERS 的收集效率。2017 年报道的一种消色差的固体浸没透镜结构做到了两者兼顾。如图 4-9 所示，通过该物镜结构，激发光能量可集中在很窄的角度范围内，有效提高激发光与 SPR 效应之间的能量耦合效率，因此在 SPR 角度附近 SERS 信号才最强。同时该物镜的数值孔径高达 1.65，可有效收集远场辐射的 SERS 信号。该物镜不仅支持 Kretschmann 结构，也支持 Otto 结构，数值分析结果表明在不同衬底材料表面散射的 SERS 信号均具有定向辐射特征，与一般的线性偏振相比，热点的局域场增强更高。

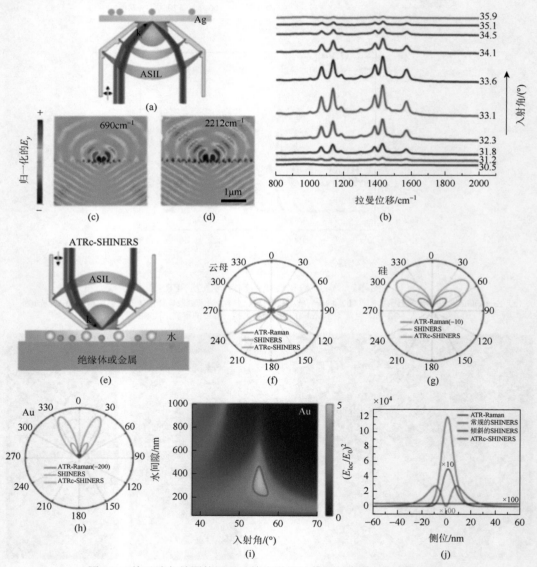

图 4-9　基于消色差固体浸没透镜光学设计兼顾角度激发和定向辐射

（a）～（d）KR-SPR-SERS 结构光学设计及其角度激发和定向辐射性能的表征；（e）～（j）Otto-SPR-SERS 结构光学设计及其角度激发和定向辐射性能的表征

### 4.3.2 其他拉曼光谱技术

#### 1. 高温拉曼光谱技术

高温拉曼光谱技术被用于冶金、玻璃、地质化学、晶体生长等方向，用它来研究固体的高温相变过程、熔体的键合结构等。然而这些测试需在高温下进行，必须对常规拉曼光谱仪进行技术改造。通过对谱峰频率、位移、峰高、峰宽、峰面积及其包络线的量化解析可以获取极为丰富的微结构信息，从而为材料结构和相变研究及热力学性质的计算提供可靠的实验依据[22]。

#### 2. 激光共振拉曼光谱技术

激光共振拉曼光谱产生激光频率与待测分子的某个电子吸收峰接近或重合时，这一分子的某个或几个特征拉曼谱带强度可达到正常拉曼谱带强度的 $10^4 \sim 10^6$ 倍，并观察到正常拉曼效应中难以出现的、其强度可与基频相比拟的泛音及组合振动光谱。与正常拉曼光谱相比，激光共振拉曼光谱灵敏度高，结合表面增强技术，灵敏度已达到单分子检测水平[23, 24]。

#### 3. 共聚焦显微拉曼光谱技术

显微拉曼光谱技术是将拉曼光谱分析技术与显微分析技术结合起来的一种应用技术。与其他传统技术相比，更易于直接获得大量有价值信息。共聚焦显微拉曼光谱不仅具有常规拉曼光谱的特点，还有自己的独特优势，辅以高倍光学显微镜，具有微观、原位、多相态、稳定性好、空间分辨率高等特点，可实现逐点扫描，获得高分辨率的三维拉曼图像。近几年共聚焦显微拉曼光谱在肿瘤检测、文物考古、公安法学等领域有着广泛应用[25]。

#### 4. 傅里叶变换拉曼光谱技术

傅里叶变换拉曼光谱是 20 世纪 90 年代发展起来的新技术。1987 年，珀金埃尔默（PerkinElmer）公司推出第一台近红外激发傅里叶变换拉曼光谱仪，采用傅里叶变换技术对信号进行收集，多次累加来提高信噪比，并用 1064mm 的近红外激光照射样品，大大减弱了荧光背景。从此傅里叶变换拉曼光谱在化学、生物学和生物医学样品的非破坏性结构分析方面显示出巨大的生命力。

### 4.3.3 原位电催化样品制备

原位拉曼电催化测试通常需要借助电化学原位拉曼光谱池（EC-Raman）。EC-Raman 是一款原位拉曼电化学反应池，能与各种拉曼光谱仪（反射式）配套进行原位条件下的光谱测试，广泛应用于化学、材料及相关领域，特别适合电化学基础研究。

## 1. EC-Raman 的主要特点

EC-Raman 的主要特点有以下几个方面：
（1）原位装置适用于电化学拉曼光谱（反射式）原位测试；
（2）设备最小焦距为 1mm，能够满足一般拉曼光谱测试；
（3）样品尺寸可调，样品厚度可调，拆卸方便快速；
（4）主池体采用聚醚醚酮（PEEK）材质，容积可根据客户要求进行设计；
（5）设备能够通气体，整个池体密封性良好；
（6）配有铂丝电极和氯化银电极分别作为对电极和参比电极；
（7）光学窗口可选：光学石英窗口、蓝宝石窗口、氟化物窗口等；
（8）窗口直径：$>\phi 20mm$。

## 2. 工作原理及装置实物

EC-Raman 的工作原理如图 4-10 所示，装置实物如图 4-11 所示。

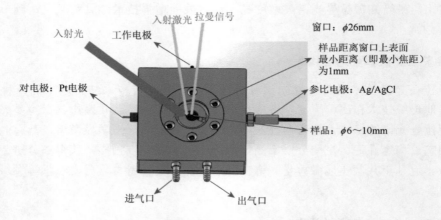

图 4-10　原位拉曼光谱池工作原理示意图

图 4-11　原位拉曼光谱池装置实物

#### 3．原位拉曼电催化样品制备及测试方法

（1）原位池体组装。如图 4-12 所示，首先可将玻碳电极插入主壳体，插入时因玻碳电极上有密封圈，安装时需要稍微用力按压才能塞进。安装 $\phi6mm$ 的玻碳电极时（该电极可适用红外光谱测试，红外光谱测试通常需要较高能量的光源，然而实验室常规的红外光谱设备可能没有提供足够高能量的光源，因此实验室红外光谱仪并不适用），要注意调整好与窗口表面之间的距离，以免顶破窗口。组装好的装置图如图 4-12（b）所示。

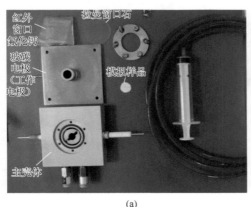
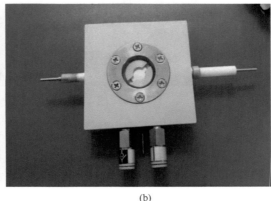

(a)　　　　　　　　　　　　　　　　(b)

图 4-12　原位拉曼光谱池组装实物

（2）安装 Ag/AgCl 电极时注意密封圈一定要套在 PEEK 螺帽后。然后用螺丝安装好金属底座（安装金属底座后面四颗螺钉时请勿太过用力，以免破坏玻碳电极）即可进行装液，可直接滴加样品在玻碳电极上，也可将样品滴加在碳纸上再放到玻碳电极上，红外模式时请使用小直径的玻碳电极和对应的红外窗口。如图 4-13 所示，装液完成后将密封圈石英窗口与窗口盖板依次安装好，注意：最后拧紧固螺丝时不要太过用力，要让石英窗口受力均匀以免破碎。将 PU 管接到原位池进出气口，注意原位池体上标注有进出标志。

图 4-13　原位拉曼光谱池（正面）

（3）电解液可以通过蠕动泵连接储液罐与池体进液口加入，样品与工作电极接触不良时，可通过将底座金属板下面与工作电极之间的螺纹进行拧紧调整。如图 4-14 所示，注意对于直径小的玻碳电极不要调整幅度过大，以免顶破窗口和镜头。

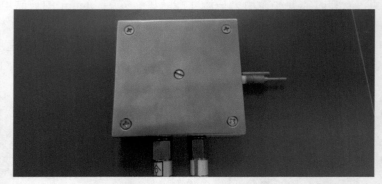

图 4-14　原位拉曼光谱池（背面）

（4）蠕动泵、储液罐与装置池体的连接。如图 4-15 所示，原位池体上标注有进出口，管路从储液罐的一个取液口连接到蠕动泵的一端，再从蠕动泵的另一端连接至原位池进液口，从原位池的出液口再连接至储液罐上即可。如需整个管路系统全部密封，可将储液罐上另外两个口用短管连接起来。

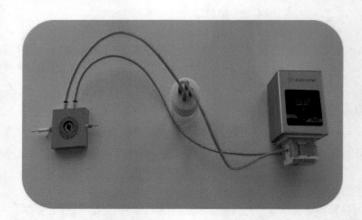

图 4-15　原位拉曼光谱池管路连接示意图

### 4.3.4　原位电催化测试

通过几个原位拉曼光谱图，分析说明原位拉曼表征技术在电化学中的应用。

Pt(111)电极上 ORR 的 EC-SHINERS 是在 0.5～1.1V 的电位范围内获得的。如图 4-16 所示，在负电位偏移期间，直到 0.8V 在 400～1200cm$^{-1}$ 没有可观察到的拉曼信号，除了 933cm$^{-1}$ 处的峰值。933cm$^{-1}$ 处的峰归因于高氯酸盐离子 $v_s(ClO_4^-)$ 的对称拉伸模式。随着电位的降低，当电位达到 0.8V 时，在酸性溶液中 732cm$^{-1}$ 附近出现另一个明显的拉曼带。

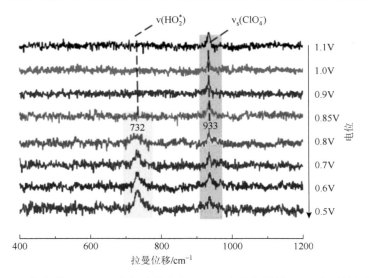

图 4-16　$O_2$ 饱和的 0.1mol/L 高氯酸溶液中 Pt(111)电极表面的 ORR 体系的拉曼光谱

单晶电极表面的晶体取向和表面结构将极大地影响反应机理和反应动力学。此外，ORR 活性对 Pt(hkl)电极的表面结构也非常敏感。因此，研究了在 $O_2$ 饱和的 0.1mol/L 高氯酸溶液中，另外两个低折射率 Pt(hkl)表面［即 Pt(110)和 Pt(100)］的 ORR 过程。有趣的是，在这三个低指数 Pt(hkl)表面观察到了与 SHINERS 实验结果不同的现象。电位降低后，在 Pt(100)处出现两个拉曼峰，分别在 $1030cm^{-1}$ 和 $1080cm^{-1}$ 附近，Pt(110)表面的现象与 Pt(100)相似（图 4-17），但它们的相对拉曼强度和起始电位不同。在 $1030cm^{-1}$ 特征中，没有观察到任何明显的移动，但是在 $D_2O$ 实验期间，$1080cm^{-1}$ 处的峰值移动到大约 $717cm^{-1}$ 的较低波数。同时，在 Pt(110)表面的 $^{18}O_2$ 同位素替代实验中，发现 $1030cm^{-1}$ 附近的峰没有显示出任何明显的移动，而 $1080cm^{-1}$ 附近的峰移动到 $1072cm^{-1}$ 较低波数，这

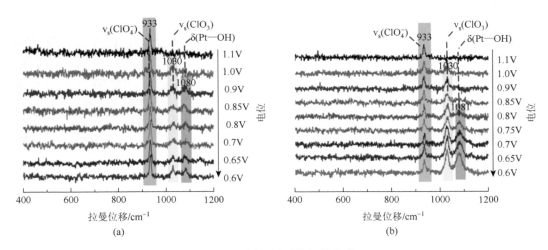

图 4-17　样品的原位拉曼光谱

0.1mol/L $HClO_4$ 溶液中 Pt(100)（a）和 Pt(110)（b）电极表面处 ORR 的 EC-SHINERS 光谱

进一步暗示了 $1080cm^{-1}$ 的中间体与氧相关物种有关。$1030cm^{-1}$ 附近的峰可归属于 $HClO_4$ 分子中 $ClO_3$ 的对称拉伸振动，$1080cm^{-1}$ 附近的峰可归属于 $OH^*$ 的 $PtOH$ 弯曲模式 $\delta(Pt—OH)$。

# 4.4　数据导出及处理

各公司编写的拉曼光谱测试及数据处理软件使用方法不同，但基本原理是相通的。本节涉及的数据导出及处理均是在 LabSpec6 软件中进行的。

## 4.4.1　数据导出

### 1. 导出图片

原位拉曼测试结束后，在［数据标签］选中"Maps"（成像），并在工作区内选中需要保存的图片（示例中为左上角的"All spectra"），如图 4-18 所示。

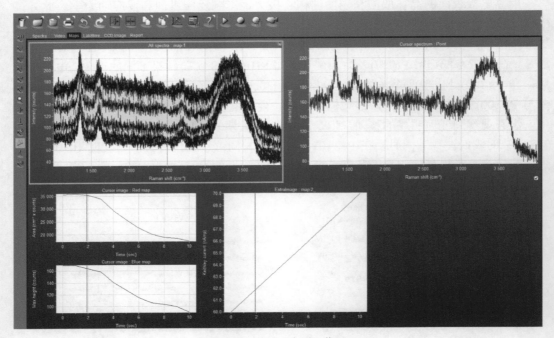

图 4-18　Maps 选项工作区

点击［工具栏］"Copy"（复制）按钮（见图 4-19 中红框）右上的小三角，依次选中"Picture"（图片）、"Copy to file"（复制到文件）即可，如图 4-20 所示。

图 4-19　工具栏中复制

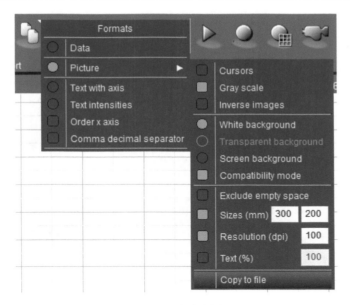

图 4-20　保存图片

2. 导出 txt 文件

原位拉曼测试结束后，在［数据标签］选中"Maps"（成像），并在工作区内选中需要保存 txt 文件对应的谱图。

点击［工具栏］"Save as data"（数据保存），然后将文件保存成 txt 格式即可，如图 4-21 所示。

图 4-21　工具栏中数据保存

3. 打印

点击［工具栏］"▣"（打印），然后将文件保存成 PDF 格式即可，如图 4-22 所示。

图 4-22　工具栏中打印

## 4.4.2　数据处理

1. 基线校正与曲线平滑

（1）依次点击右边［菜单栏］"Processing"（处理）、"Baseline correction"（基线校正）面板（图 4-23），选择校正方式，即线性校正/多项式校正，常采用多项式校正。

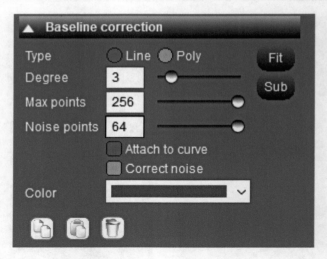

图 4-23　基线校正选项卡

其中：

Type：背底线类型（Line：线性，适合背底较平的谱图；Poly：多项式，适合背底是曲线的谱图）。

Degree：阶次。

Max points：用于拟合的最大点数。

Noise points：噪声点数。当谱线噪声较大时，选用较多的噪声点数，运用此项时必须先激活"Correct noise"（噪声修正）选项。图 4-24 是使用与不使用噪声修正时背底线的区别，发现当使用噪声修正时，拟合的背底会自动添加到噪声的中部。

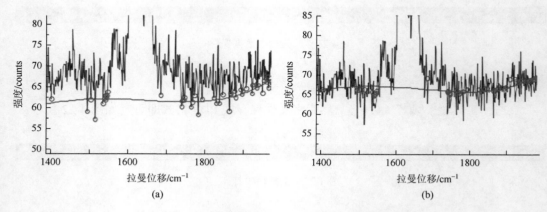

图 4-24　（a）不使用噪声修正；（b）使用噪声修正

（2）点击"Fit"进行拟合。可尝试选用不同的参数，再点击"Fit"，多次重复直到找到合适的背底线为止，如图 4-25 所示。

（3）点击"Sub"扣除背底，如图 4-26 所示。

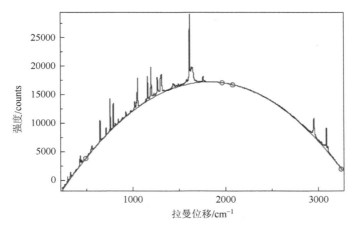

图 4-25　拟合出的背底线

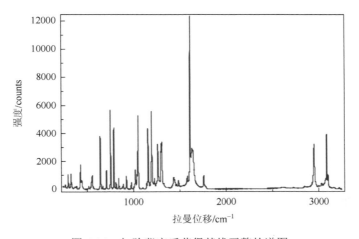

图 4-26　扣除背底后获得基线平整的谱图

（4）曲线的平滑。依次点击"Processing"（处理）、"Smoothing & Filtering"（平滑）面板（图 4-27），可选择平滑的类型及平滑程度。此功能慎用，如使用不当，会将原有的峰抹除。图 4-28 显示了平滑前后的差异。

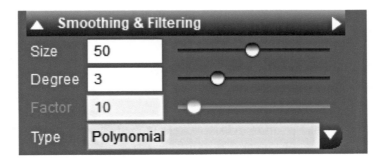

图 4-27　曲线平滑选项卡

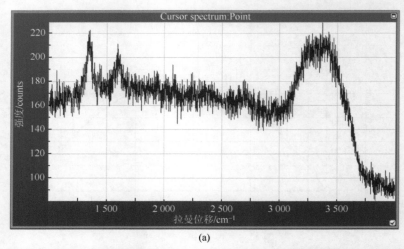

(a)

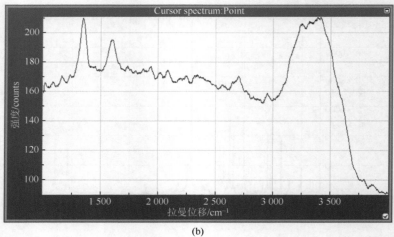

(b)

图 4-28　（a）曲线平滑前；（b）曲线平滑后

说明：

窗口大小（Size）：确定平滑程度。数值越大，平滑程度越大。

类型（Type）：选择平滑的类型。

2. 峰位的确定

点击右侧［菜单栏］"Analysis"（分析），再在"Peaks"（峰形峰位）板块中点击"Find"（寻峰），即可将峰位显示出来，如图 4-29 所示。

说明：

（1）阈值［Ampl（%）］：相对于最高峰的比值。以图 4-29 为例，表示只标出峰高≥85%最高峰的峰位。一般，如果该值增加，只有少数强度很大的峰会被标记出；如果需要标记低强度峰，则需要降低该值。

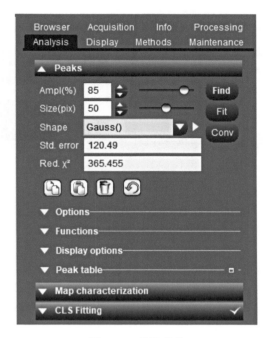

图 4-29　寻峰菜单

（2）间隔［Size（pix）］：每个峰均由一定数量的点所构成。间隔表示应该选择由多少点构成的峰。以图 4-29 为例，表示只拟合至少由 50 个点所构成的峰。一般，该值变大，只有相距较远的峰才能被标记；如果要标记挨得较近的峰，则需要降低该值。

（3）峰形函数（Shape）：选择所需拟合的函数。以图 4-29 为例，表示以高斯（Gauss）函数拟合。

### 3. 峰位的拟合

峰位拟合可以获得精确的峰位、峰强、半高宽和峰面积。假如有些峰不是由单个独立的峰组成，而是由两个或两个以上的峰叠加合成，此时，若要获得精确的峰信息，就需要对峰位进行拟合。拟合方法如下：

1）截取出需要进行拟合的峰

注意截取峰位的完整性。如图 4-30 所示，假如要截取 $350\sim600\mathrm{cm}^{-1}$ 范围的谱峰，则依次点击右边［菜单栏］"Processing"（处理）、"Data range"（数据范围），在 From 和 To 里输入谱峰范围，再点击 "Extract"（选取）即可。

2）扣除背底

通常峰位拟合的基线强度为 0，如果峰的最小强度不为 0，则可能拟合不到很好的结果。

如果想要保留背底进行峰位拟合，则先拟合出背底线，如图 4-31（a）所示，可以保留背底获得准确的峰信息。

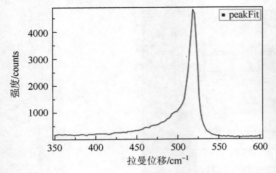

图 4-30　峰的截取

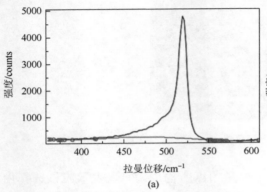

(a)

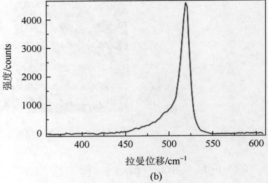

(b)

图 4-31　（a）未扣背底，红色为拟合出的背底线；（b）扣背底之后

3）选择寻峰，在可能是峰的地方标上峰位

具体该峰由哪几个峰位组成需要我们自己对物质有一定的了解。如果不了解，可能需要经过多次拟合，以拟合结果最接近实测曲线为准。如图 4-32 例子中，先对比较明显的两个峰进行标峰位。

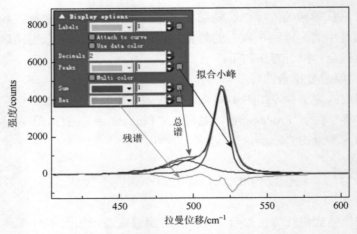

图 4-32　峰位拟合并标出峰位

注意在峰位拟合中，需要依次选中右侧［菜单栏］"Analysis"（分析）、"Peaks"（峰形峰位）、"Display options"（显示选项）下的"Peaks"和"Sum"选项，其中"Peaks"用来显示每个拟合的小峰，"Sum"显示小峰所叠加的总谱。此外，还有一个选项"Res"，勾上该选项后会显示残谱，即总谱与实测谱的差谱。

4）选择峰形函数

在"Shape"（峰形函数）下拉菜单中［图 4-33（a）］选择合适的峰形函数。高斯（Gauss()）和洛伦兹（Loren()）是两个比较常用的函数［其峰形如图 4-33（b）］，如果知道物质的峰是哪个对称函数，可以直接选用；如果不知道，可选用高斯-洛伦兹混合函数（GaussLor()）。此外，当有些峰不对称时，可选用不对称形状，如 AGauss()、ALoren()或 AGaussLor()。如果峰形比较特殊，可以依次在右侧［菜单栏］选中"Analysis"（分析）、"Peaks"（峰形峰位）、"Functions"（功能）、"Formula"（函数），输入自定义函数进行拟合。

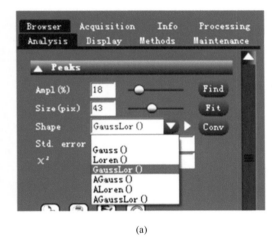

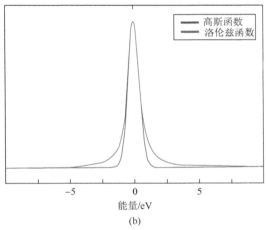

(a)　　　　　　　　　　　　　　　　(b)

图 4-33　（a）峰形函数的选择；（b）高斯函数与洛伦兹函数拟合后峰形

5）设置拟合选项

依次在右侧［菜单栏］选中"Analysis"（分析）、"Peaks"（峰形峰位）、"Fit options"（拟合选项）进行设置，其中：

迭代次数（Iterations）：数值越大，精度越高，耗时越长；

最大偏移［Max shift（$cm^{-1}$）］：限制拟合过程中的峰位最大偏移；

初始峰宽［Init width（$cm^{-1}$）］：标峰位后自动调整的峰宽；

最小峰宽［Min width（$cm^{-1}$）］：限制最小拟合峰宽；

最大峰宽［Max width（$cm^{-1}$）］：限制最大拟合峰宽。

6）点击"Fit"进行拟合

可多次点击"Fit"直至拟合总谱非常贴近实测曲线为止。或通过 $\chi^2$（趋向于 1）来衡量拟合效果。如图 4-34 所示，拟合时无论点击多少次"Fit"，始终不能获得非常理想的结果，所以只靠两个峰进行拟合不能获得很好的结果。

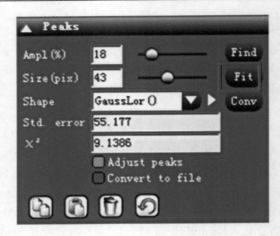

图 4-34　峰位的拟合

7）查看峰位信息

拟合好之后，如图 4-35 所示，依次在右侧［菜单栏］选中“Analysis”（分析）、“Peaks”（峰形峰位）、“Peak table”（峰位信息），可获得各个峰的详细信息，如图 4-36 所示，其中 p、a、w 和 ar 分别代表峰位、峰强、半高宽和峰面积。

图 4-35　（a）两个峰拟合；（b）三个峰拟合

Peak table

| | p | a | w | ar |
|---|---|---|---|---|
| 1 | 518.965 | 3951.44 | 10.5209 | 47207 |
| 2 | 507.506 | 957.315 | 28.9492 | 29500 |
| 3 | 475.295 | 284.393 | 37.6344 | 14053 |

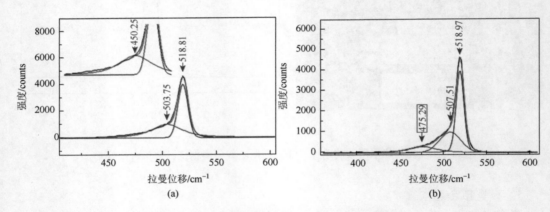

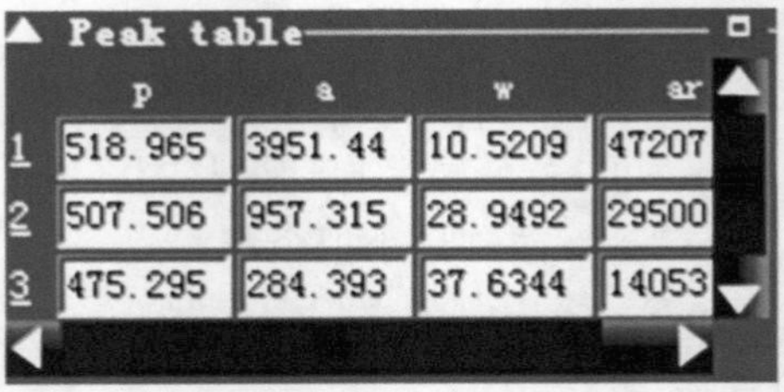

图 4-36　峰位信息表

注意：必须在“Show options”（显示选项）中激活“Value”行相应的选项，才会在“Peak table”里显示该选项的值，如图 4-37 所示。

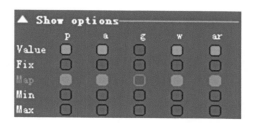

图 4-37　显示选项

#### 4. 成像分析

成像分析方法包括夹峰法、经典最小二乘法及峰位拟合法，三种方法可根据分析需要任选一种。本章节以夹峰法为例。

采集映射时，在 Maps 下一般出现 4 个窗口（图 4-38），其中左上角是所有谱窗口，显示所有采集点的光谱；右上角是当前窗口（采集时显示采集点的光谱，采集后光标移到某个成像点即显示该点的光谱）；左下角是夹峰法成像窗口，显示夹峰法成像结果（注意：如果是点成像或是线成像，成像结果是一维线性图，只有面成像才能获得二维图），可通过数据工具栏选择不同光标夹峰的成像；右下角是显微窗口。

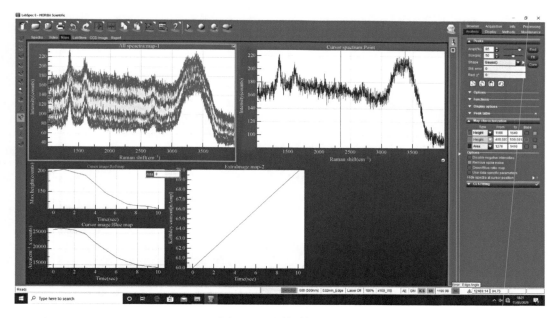

图 4-38　映射采集窗口

1）激活成像光标

激活所有谱窗口后，会在左侧工具栏出现红、绿和蓝三色成像光标。每个光标由两根同颜色的竖线组成，如图 4-38 中所有谱窗口显示的两根红色成像光标，这两根线可夹住某个特征峰，所夹住范围的谱峰平均/加和强度成像图就会显示在夹峰法成像窗口中。同理，绿色和蓝色光标可夹住其他两个峰，显示其他谱峰的平均/加和强度成像图。若红色、绿色、蓝色光标夹住的峰分别代表三种物质，则可以显示这三种物质的分布或者随时间的变化。

依次在右侧［菜单栏］选中"Analysis"（分析）、"Map characterization"（成像分析），可以看到如图 4-39 所示内容。

图 4-39　成像分析中夹峰分析法参数设置

图 4-39 中"Type"下拉菜单中可选择：峰的高度（峰强）、峰的宽度、峰的半高宽、峰的面积等。通过夹峰分析，可以实时观测某特定峰的变化。

在"From"和"To"中可手动输入特定夹峰的范围。

2）改变光标位置

若要调整两根光标的位置，可将鼠标移动到光标线的上端，使鼠标变成双向箭头，然后拖动光标移动，如图 4-40 所示。

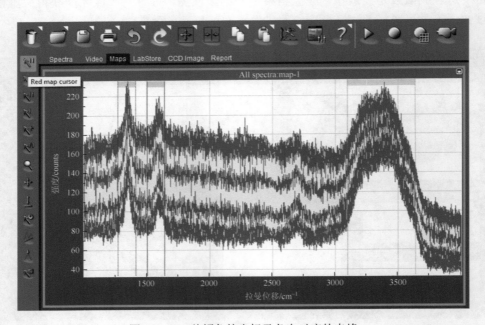

图 4-40　三种颜色的光标及各自对应的夹峰

若要调整光标宽度，可将鼠标放在某根光标线上，拖动鼠标到合适的位置；同理，调整另外一根光标。

3）成像结果

根据前面提及的例子，红色光标夹住的是波数为 $1500\sim1640\mathrm{cm}^{-1}$ 的峰，而蓝色光标夹住的是波数为 $1270\sim1410\mathrm{cm}^{-1}$ 的峰。图 4-41 清晰地反映出红蓝两色各自夹峰的高度（峰强）和峰的面积随时间 $T=0\sim10\mathrm{s}$ 的变化。

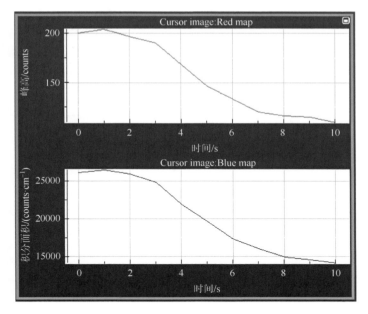

图 4-41　夹峰分析结果

## 4.5　原位拉曼光谱仪及附件的保养和维护

**1. 防尘**

装修材料中不能含有挥发性物质，以免影响光谱仪的光学系统。要求防尘效果好（空调房间，最好有换气）。

双单色仪是拉曼光谱仪的心脏，要求环境清洁，灰尘对双单色仪的光学元件镜面的沾污是很严重的，必要时用洗耳球吹扫除去镜面上的灰尘，但切忌用粗糙的滤纸或布抹擦，以免划破光学镀膜，也不要用有机溶剂擦洗，以免损坏光学镀膜。

**2. 温度、湿度**

拉曼光谱仪的稳定性对于温度敏感，实验室应维持在 24～26℃（24h 常年维持），否则会导致激光器出现精度误差。相对湿度最好小于 65%，最大不得超过 75%（24h 常年维持，最好有除湿机）。

**3. 暗室**

为方便制作弱信号样品，房间应具备一般水平暗室功能（如遮光窗帘），仪器工作时，需关闭日光灯，可以用白炽灯（如台灯）照明。

**4. 震动**

如果所在建筑受外界震动源的影响，则必须考虑减震措施。

## 5. 其他注意事项

夏天，空气湿度大，如果仪器天天使用，对仪器不会造成影响；如果不常使用，仪器很容易损坏。因此在夏天，即使不使用仪器，每个星期至少应给仪器通电几小时，进行除湿。

若非长时间不使用光谱仪，建议保持计算机、光谱仪、自动平台控制器等在开机状态，仅关闭激光器和白光电源。

## 参 考 文 献

[1]    Bard A J, Faulkner L R. Electrochemical Methods: Fundamentals and Applications[M]. New York: Wiley and Sons, 2001.

[2]    White R E, Bockris J O, Conway B E,et al. Comprehensive Treatise of Electrochemistry, Vol. 8: Experimental Methods in Electrochemistry [M]. New York: Plenum Press, 1984.

[3]    Wu D Y, Li J F, Ren B, et al. Electrochemical surface-enhanced Raman spectroscopy of nanostructures[J]. Chemical Society Reviews, 2008, 37(5): 1025-1041.

[4]    Nie S, Emory S R. Probing single molecules and single nanoparticles by surface-enhanced Raman scattering[J]. Science, 1997, 275(5303): 1102-1106.

[5]    Kneipp K, Wang Y, Kneipp H, et al. Single molecule detection using surface-enhanced Raman scattering(SERS)[J]. Physical Review Letters, 1997, 78(9): 1667-1670.

[6]    Fleischmann M, Hendra P J, McQuillan A J. Raman spectra of pyridine adsorbed at a silver electrode[J]. Chemical Physics Letters, 1974, 26(2): 163-166.

[7]    Albrecht M G, Creighton J A. Anomalously intense Raman spectra of pyridine at a silver electrode[J]. Journal of the American Chemical Society, 1977, 99(15): 5215-5217.

[8]    Jeanmaire D. Surface Raman spectroelectrochemistry: Part I. Heterocyclic, aromatic, and aliphatic amines adsorbed on the anodized silver electrode[J]. Journal of Electroanalytical Chemistry, 1997, 84(1): 1-20.

[9]    Tian Z Q, Ren B. Adsorption and reaction at electrochemical interfaces as probed by surface-enhanced Raman spectroscopy[J]. Annual Review of Physical Chemistry, 2004, 55: 197-229.

[10]   Li J F, Zhang Y J, Ding S Y, et al. Core-shell nanoparticle-enhanced Raman spectroscopy[J]. Chemical Reviews, 2017, 117(7): 5002-5069.

[11]   Dong J C, Zhang X G, Briega-Martos V, et al. *In situ* Raman spectroscopic evidence for oxygen reduction reaction intermediates at platinum single-crystal surfaces[J]. Nature Energy, 2019, 4: 60-67.

[12]   Gao P, Gosztola D, Weaver M J. Surface-enhanced Raman spectroscopy as a probe of electroorganic reaction pathways. 2. Ring-coupling mechanisms during aniline oxidation[J]. The Journal of Physical Chemistry B, 1989, 93(9): 3753-3760.

[13]   Li X, Gewirth A A. Oxygen electroreduction through a superoxide intermediate on bi-modified Au surfaces[J]. Journal of the American Chemical Society, 2005, 127(14): 5252-5260.

[14]   Wang A, Huang Y F, Sur U K, et al. *In situ* identification of intermediates of benzyl chloride reduction at a silver electrode by SERS coupled with DFT calculations[J]. Journal of the American Chemical Society, 2010, 132(28): 9534-9536.

[15]   Huang Y F, Wu D Y, Wang A, et al. Bridging the gap between electrochemical and organometallic activation: benzyl chloride reduction at silver cathodes[J]. Journal of the American Chemical Society, 2010, 132(48): 17199-17210.

[16]   Lai S C S, Kleyn S E F, Rosca V, et al. Mechanism of the dissociation and electrooxidation of ethanol and acetaldehyde on platinum as studied by SERS[J]. The Journal of Physical Chemistry C, 2008, 112(48): 19080-19087.

[17]   Zeng Z C, Huang S C, Wu D Y, et al. Electrochemical tip-enhanced Raman spectroscopy[J]. Journal of the American Chemical Society, 2015, 137(37): 11928-11931.

[18]   Raman C V, Krishnan K S. A new type of secondary radiation[J]. Nature, 1928, 121: 501-502.

[19]　Fleischmann M, Hendra P J, McQuillan A J. Raman spectra of pyridine adsorbed at a silver electrode[J]. Chemical Physics Letters, 1974, 26(2): 163-166.

[20]　Albrecht M G, Creighton J A. Anomalously intense Raman spectra of pyridine at a silver electrode[J]. Journal of the American Chemical Society, 1977, 99(15): 5215-5217.

[21]　Ding S Y, You E M, Tian Z Q, et al. Electromagnetic theories of surface-enhanced Raman spectroscopy[J]. Chemical Society Reviews, 2017, 46(13): 4042-4076.

[22]　侯怀宇, 尤静林, 吴永全, 等. 碱金属碳酸盐的拉曼光谱研究[J]. 光散射学报, 2001, 13(3): 162-166.

[23]　Nie S, Emory S R. Probing single molecules and single nanoparticles by surface-enhanced Raman scattering[J]. Science, 1997, 275(5303): 1102-1106.

[24]　Thomas G J. Raman spectroscopy of protein and nucleic acid assemblies[J]. Annual Review of Biophysics and Biomolecular Structure, 1999, 28(1): 1-27.

[25]　许永建, 罗荣辉, 郭茂田, 等. 共聚焦显微拉曼光谱的应用和进展[J]. 激光杂志, 2007, 28(2): 13-14.

# 第 5 章　原位质谱分析技术及其在电化学中的应用

## 5.1　质谱技术基本原理与构造

质谱指的是分子受到裂解后，所形成的带正电荷的离子按照其质量（$m$）和电荷（$z$）的比值 $m/z$（质荷比）大小依次排列成一定的谱图[1, 2]。所以质谱仪（mass spectrometer）是用于分析质量（mass）的一种仪器。此外，质谱仪还可以进一步鉴定物质的分子结构，以及对物质进行一定的定量分析。从发展历程来看，质谱正在高速发展，种类越来越多，功能越来越强大。质谱仪已经发展成为当今具有强大分析化学功能的设备。质谱仪是一种应用十分广泛的分析仪器，这是因为它具有灵敏度高、结构鉴定能力强大、分析速度快、分析范围广、可与多种仪器联用的优势。

质谱仪的基本原理是将气相、液相或者固相的分析样品电离（ionization）成带电的离子（ion），然后在电场或磁场的作用下，带电的离子可以在空间或时间上分离：

$$M \longrightarrow M^+ 或 M^-$$

电离之后的离子可以被检测器检测到，从而得出关于分析样品的质荷比和相对强度的谱图，称之为质谱图。利用质谱图上的信息，可以进一步计算出分析样品中的分子的质量。除此之外，利用分子的质量和质谱图上的离子强度还能够对分析样品进行定性分析和定量分析。

从 20 世纪开始，质谱仪的离子化技术不断发展并与实际相结合，使得质谱仪应用于不同领域的研究。质谱分析技术在进行化学分析时，需要采用多种离子化方法。在研究过程中，研究者应该结合分析样品的物理化学特性和实际的应用来选择适合分析样品的离子化方法，使得多种离子化方法在分析应用价值上展现各自的独特之处。

常规的质谱离子化技术有电子轰击（electron impact，EI）、化学电离（chemical ionization，CI）、场解吸（field desorption，FD）电离、二次离子质谱（secondary ion mass spectrometry，SIMS）、快原子轰击（fast atom bombardment，FAB）、热喷雾电离（thermospray ionization，TSI）、电喷雾电离（electrospray ionization，ESI）、离子喷雾电离（ionspray ionization，ISI）、大气压化学电离（atmospheric pressure chemical ionization，APCI）、大气压电离（atmospheric pressure ionization，API）和基质辅助激光解吸电离（matrix assisted laser desorption ionization，MALDI）[3-14]。其中，电子轰击法具有稳定性好、易于操作，并能提供丰富的指纹信息和标准的常规有机质谱图的优点。但是该方法只适合于极性小、沸点低和热稳定的化学物质。而场解吸电离、二次离子质谱和快原子轰击可实现用质谱法来分析高极性、难挥发、热不稳定的大分子有机物。场解吸电离的原理是在场解吸发射体钨丝炭微针上涂敷有机物样品溶液，待溶剂挥发，样品分子吸附于发射体。待钨丝上通毫安级电流使样品解吸，分子立即扩散到高场强的发射区进行离子化，得到分子离子。

该方法的特点是解吸能比气化能小得多，主要应用于有机酸、氨基酸、肽、生物碱、抗生素和它们的代谢物等。但不足之处主要有：①发射体上炭微针不能保持较长时间的稳定，以及发射体电流速率发生变化等；②要求精细地制备样品和复杂熟练的实验技术。二次离子质谱的原理是通过高能量的一次离子束轰击样品表面，使样品表面的分子吸收能量而从表面发生溅射产生二次离子，通过质量分析器收集、分析这些二次离子，可以得到样品元素、同位素、化合物组分和分子结构，以及一定的晶体结构信息。该技术的特点是对于样品分子的解吸和解离无须加热，主要应用于有机高分子样品和生物有机物的分子量测量和结构鉴定。但在技术上要求一次离子的能量至少高于二次离子。并且由于有机样品的导电性差，离子轰击会产生电荷效应，直接影响离子流的寿命和稳定性。

　　快原子轰击电离是 1981 年建立的一种电离技术，广泛用作质谱系统离子源的电离。与其他电离技术不同，快原子轰击是用一个中性原子（Xe、Ar）轰击样品使其电离。中性原子的使用避免了绝缘样品中电荷的积累，并促进了样品的电离。快原子轰击可以成功地确定不具有挥发性或衍生化的化合物，以及一些高分子化合物。而且，快原子轰击对于测定寡糖、寡肽、寡核苷酸，以及热不稳定的有机物甚至金属有机物都是有效的。快原子轰击利用中性原子的高速定向运动直接轰击样品表层，使样品电离形成正离子 $[M + H]^+$、负离子 $[M - H]^-$ 和碎片离子。快原子轰击离子源由一个冷阴极释放离子枪和一个碰撞电荷交换室组成。Ar 在释放离子枪中被电离成 $Ar^+$，然后 $Ar^+$ 在加速电压和聚焦电极的作用下形成高速 $Ar^+$ 离子束。电荷交换室被 Ar 充满。$Ar^+$ 快速定向运动从 Ar 中获取电子，从而形成 Ar 的快速定向运动。电荷交换过程中〈$Ar^+$〉（"〈〉"表示具有快速定向运动的粒子符号）的能量损失很小，因此产生的〈Ar〉也具有高能量。〈$Ar^+$〉在偏转电场中被分离，〈Ar〉仍沿原始方向高速前进，最后撞击样品目标使其电离。将样品溶解在溶剂中，并涂在快原子轰击中的一小块金属上。所用溶剂的蒸气压应该足够低以使样品保持溶解状态。所用的溶剂包括甘油、二乙醇胺、乙二醇、二甲基亚砜等。样品被电离后，其正电荷产物主要以质子键合或碱金属离子键合的形式存在。通常，只需要少量的碱金属离子，并且质谱仪中会出现 $[M + Na]^+$ 或 $[M + K]^+$ 信号。在具有强碱性基团的样品（多肽）中首先观察到 $[M + Na]^+$ 峰。如果样品中混有酸，则信号会增强。另外，阴离子产物以 $[M - H]^-$ 的形式出现。酸性样品经常被离子化为 $[M - H]^-$，盐样品通过裂解阳离子或阴离子形成带电离子。研究表明，盐离子对于确定样品的分子量和分析样品结构很重要。该技术的优势在于没有电荷效应，使用了中性原子代替离子轰击样品；快原子轰击采用小于 40℃ 的冷源，既不需要像电子轰击法、化学电离法那样加热样品，也不需要场解吸电离法中用电流加热解吸样品；技术操作也比较简便。但是在较低质量范围内基质本底影响较大，非极性化合物灵敏度显著下降，会有一定质量范围的限制。该技术适用于高极性、难挥发、分子量大、热不稳定的化合物，而且测试后不影响样品的生物活性，很快就成为分析极性化合物的首选方法。

　　热喷雾电离是指混合物经过洗脱后，通过不锈钢毛细管进入处于真空状态的气化室时，溶剂挥发后由真空泵抽去，产生的离子受推斥电极作用进入检测系统后被记录成谱。该技术适合混合物的分析，但不足之处在于对温度很敏感、重现性较差、检测限较高，尤其是对于极性低的化合物，响应低或没有响应。电喷雾电离指的是样品溶液在高电场的作用下，形成微小的带电液滴，待溶剂分子蒸发，带电液滴的半径缩小，液滴表面电场逐渐增大分裂成更小的液滴，形成极小液滴时，分析物离子自液滴表面发射信号。这是一种全新的方法，既可用于溶液样品进样，又可方便地用于强极性、难挥发性化合物的离子化。该技术具有极高的灵敏度和可靠的准确性，测定的分子量越大，信号越明显，在低质量范围区干扰峰较小。对于小分子极性化合物，不仅能得到单分子的准分子离子，还能得到化合物的多聚体及它们的碱金属离子。另外，该技术样品用量极少，不易污染离子源，谱图干净，灵敏度高，检测限可达 $10^{-12} \sim 10^{-15}$g。无论是一般的天然有机极性小分子还是生物大分子，都能利用该技术进行分子量测定。离子喷雾电离技术中的样品是经气动雾化形成液滴。离子源的出口处有一氮气帘，溶剂化的分子通过氮气帘和大气压与真空之间的小孔时被脱去溶剂，氮气帘可挡住溶剂、缓冲液进入分析区域，有利于样品离子脱溶剂化、去簇化和维持真空系统，保持分析器的洁净。大气压化学电离的原理是在气体辅助下，溶剂和样品流过进样器，在进样器内有一加热器使溶剂和样品加热气化，从进样器出口喷出，在进样器出口处有一放电针，通过放电针电晕放电使溶剂离子化，溶剂离子再与样品分子发生分子-离子反应，使样品离子化。这个过程和传统的化学电离很类似，所不同的是传统的化学电离是在真空下电子轰击溶剂使其电离，而大气压化学电离是在常压下靠放电针电晕放电使溶剂电离。大气压化学电离主要用于分析热稳定性好的样品，与电喷雾相比，其流动相的适应范围更广。大气压化学电离是最软的电离方式之一，只产生单电荷峰，适合分析分子量略小或极性较小的化合物，电离效率高。采用气动雾化，可适合不同水含量的流动相，适合做梯度洗脱，可满足 $0.2 \sim 2.0$mL/min 的流速，能直接与常规柱连接。气动雾化对溶剂选择、流速和添加物的依赖性较小。当样品为非酸碱性物质，且易被蒸发，或溶剂、流速、添加物不适合电喷雾，或样品有较差的电喷雾响应时，应选用大气压化学电离。大气压化学电离可应用于新药研究中药物品质的鉴定与定量分析；分析药物中的杂质、副产物、降解产物等；药物代谢的研究，包括未知代谢物的结构测定、代谢物在体内的分布及定量；医学应用；天然药物成分分析；生物分子结构确定等方面。基质辅助激光解吸电离技术主要是通过将被分析物质的分子从一个适当的固体基质（小分子有机物）分离，释放出完整的大分子量的气体分子离子。Hillenkamp 将离子产生过程归结为四种作用类型：离子直接从固体热蒸发；中性分子直接从固体热蒸发并随后在气相状态中电离；激光解吸过程，即有机分子进行共振吸收时分子生色团在固体样品中共振吸收能量，并将绝大部分能量传递到有机物的晶体的晶格中，使晶格受到瞬时强烈扰动而解吸离子或中性分子；激光形成等离子体过程中生成离子。其中基质的作用是帮助解吸，主要功能是增强激光能量的吸收和样品分子的解吸，抑制分析物的降解和复合物的形成。该技术特别适合对生物大分子，如蛋白质、核酸、多糖及磷脂等的质量分析。

离子源可以称为质谱仪的"心脏"。因为只有样品发生了离子化之后才能被质谱检测到，而离子源的作用就是使被测样品分子电离，并将离子汇聚成具有一定能量和几何形状的离子束。由于分析样品的多样性和分析要求的差异性，物质电离的方法和原理也各不同，为满足多方位的分析要求，产生了以上一系列电离方法[15-19]。因此，在实际实验过程中，需要根据物质的性质及其电离的原理选择合适的离子源进行实验。

　　质谱仪的种类也是多种多样，包括有机质谱仪、无机质谱仪、同位素质谱仪等[20, 21]。有机质谱仪，由于应用特点不同又分为：①气相色谱-质谱联用仪，在这类仪器中，由于质谱仪工作原理不同，又可分为气相色谱-四极质谱、气相色谱-飞行时间质谱仪、气相色谱-离子阱质谱仪等；②液相色谱-质谱联用仪，同样，可分为液相色谱-四极质谱仪、液相色谱-飞行时间质谱仪、液相色谱-离子阱质谱仪，以及其他各种各样的液相色谱-质谱联用仪；③其他有机质谱仪，主要有基质辅助激光解吸飞行时间质谱仪、傅里叶变换质谱。无机质谱仪包括火花源双聚焦质谱仪、电感耦合等离子体质谱仪、二次离子质谱仪等。同位素质谱仪包括进行轻元素（H、C、S）同位素分析的小型低分辨率同位素质谱仪和进行重元素（U、Pu、Pb）同位素分析的具有较高分辨率的大型同位素质谱仪。气体分析质谱仪主要有呼气质谱仪、氦质谱检漏仪等。除以上分类外，还可以从所用质量分析器的不同，将质谱仪分为双聚焦质谱仪、四极杆质谱仪、飞行时间质谱仪、离子阱质谱仪、傅里叶变换质谱仪等。

　　虽然质谱仪的种类很多，但是其基本构造都主要分成五个部分：样品导入系统（sample inlet system）、离子源（ion source）、质量分析器（mass analyzer）、检测器（detector）及数据分析系统（data analysis system）。纯物质与成分简单的样品可直接经接口导入质谱仪；样品为复杂的混合物时，可先由液相或气相色谱仪分离样品组分，再导入质谱仪。当分析样品进入质谱仪后，首先在离子源对分析样品进行电离，以电子、离子、分子或光子将样品转换为气相的带电离子，分析物依其性质成为带正电的阳离子或带负电的阴离子。然后，离子进入质量分析器进行质荷比的测量。在电场、磁场等物理作用下，离子运动的轨迹会受场力的影响而产生差异，检测器则可将离子转换成电子信号，处理并储存于计算机中，再以各种方式转换成质谱图。此方法可测得不同离子的质荷比，进而从电荷推算出分析物中分子的质量。此外，为了使得分析的样品离子不会因碰撞而损失或者是测量到的质荷比有偏差，质谱仪还配有高真空系统，使其保持一定的真空度。

　　除了质量的测量，质谱仪还可以利用串联质谱（tandem mass spectrometry，MS/MS）技术，更有效地鉴定化合物的分子结构。顾名思义，串联质谱仪是由两个以上的质量分析器连接在一起所组成的质谱仪。当分析物经过离子源电离后，第一个质量分析器可以从混合物中选择及分离特定的离子，以外力（碰撞气体、光子、电子等）使该离子解离，并产生碎片离子，再由第二个质量分析器进行碎片离子的质量分析。这些碎片信息可以用来鉴定小分子及蛋白质、核酸等生物分子的结构。当样品复杂度很高时，可在样品进样区前串联一液相色谱（liquid chromatography，LC）或气相色谱（gas chromatography，GC）系统，帮助样品预分离（pre-separation）以提高质谱分析的效率。

　　质谱技术的进展和实际应用常是互为依赖、相辅相成的。例如，高灵敏度、高分辨率及高分析速度的飞行时间质谱仪及轨道阱质谱仪的快速进展，源于在微量的生化样品中解析复杂蛋白体的需求。上述仪器的进展除了增强蛋白质组分析的功能外，也开启了小分子分析的新应用。质谱仪以高灵敏度、高分辨率及高分析通量成为目前广泛使用的分析仪器，未来它仍将继续提高检测灵敏度、分辨率、质量准确度、分析通量等性能而成为性能更好、应用更广泛的分析仪器。

　　本章所讲述的质谱仪主要为微分电化学质谱仪（differential electrochemical mass

spectrometry，DEMS）。DEMS 是一种关于现代电化学的分析手段，可以将电化学和质谱技术相结合应用于不同的领域中。通过实验所得到的电化学质谱分析结果是直观可靠的，研究者可以实时分析挥发性的反应物/产物和非挥发性的产物。因此以上所提及的优点使得电化学质谱成为一种应用范围广且非常有效的新颖的分析方法。

# 5.2　仪器的主要性能指标及规格

DEMS 由电化学反应池、锂-空气电池反应池、气体过滤膜系统、快速隔离阀系统、快速毛细管取样系统、带有真空系统的四极质谱仪组成。结合了电化学半电池实验和四极质谱仪的 DEMS，可以进行实时原位分析电化学反应中的挥发性反应物、中间体和反应产物。当电极反应产物为共析出时，该质谱仪可同时确定每种产物的含量随电极电位或时间的变化。DEMS 的主要性能指标与技术参数如下。

## 5.2.1　主要性能指标

1）电化学反应池

经典 DEMS 电化学池（图 5-1）具有以下的性能优点：①适用于静止或流动体系；②电解液体积小（<1mL），特别适用于同位素标记实验；③多孔工作电极与阻水透气膜复合组成的膜接口直接与质谱室相连；④高收集效率（>95%），高灵敏度；⑤响应时间短（<1s）；⑥独有的镀金膜技术；⑦适用于粉末催化剂或者碳纸负载的催化剂，适用于光催化或光电催化反应。

探针式电化学池（图 5-2）由质谱采样探针和玻璃电化学池组成。其工作原理为质谱采样探针正对着玻璃电化学池中的工作电极，工作电极上产生的产物经由探针端部滤膜进入到质谱仪从而被检测到。通过视频显微镜精确调节采样探针与工作电极之间的距离。该电化学池具有以下的优势：①高收集效率，高灵敏度；②可适用于流动或静止体系；③特别适用于单晶电极；④可与表面增强红外联用实现多联用。

图 5-1　经典 DEMS　　　　　　　图 5-2　探针式电化学池示意图
电化学池示意图

　　单薄层流动电化学池（图 5-3）的收集效率高，灵敏度高，可加质子交换膜避免对电极产物的干扰，也可用于碳纸、泡沫铜等负载型催化剂，并且正芯或偏芯可选。

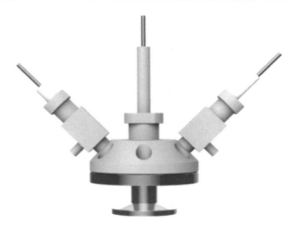

　　电极原位电化学质谱（图 5-4）致力于对非质子电解质电池（包括锂离子电池和锂-空气电池）充放电过程中产生的气体进行时间分辨率分析。该电池的工作电极放置在电池底部的螺旋形流场上。工作电极可以是气体扩散电极（如锂-空气电池）或穿孔的（气体渗透）标

图 5-3　单薄层流动电化学池示意图

准的锂离子电极电流收集器箔。对电极和参比电极均可采用金属锂，分离材料为玻璃纤维。在充电/放电期间，气体（或气体混合物）的温和质量控制流将通过工作电极下方的螺旋形流场被清除。出气口的气体成分可以用质谱仪等进行分析。气体从电池盖进入，沿着 PEEK 套筒的周长穿过，然后沿着电池底座底部的螺旋形流场进入活塞。

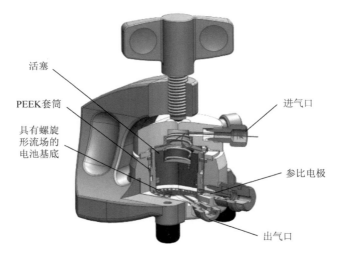

图 5-4　电极原位电化学质谱的原位电化学池

2）锂-空气电池反应池

　　锂-空气电池中的电化学反应是锂和氧气的转换反应。锂-空气电池在工作时消耗和释放氧气，当存在副反应时，也会产生 $H_2$ 和 $CO_2$ 等。微分电化学质谱仪是研究锂-空气电池可逆性的重要工具之一。在锂离子电池中 SEI 膜的形成和电解液分解过程中会产生各种气体，如 $H_2$、CO、$CO_2$、乙烯等。基于顶空（head space）分析技术，结合电化学循环伏安（CV）或恒流充放电（galvanostatic charging/discharging）技术定性定量分析溢出气体。

3）气体过滤膜系统

装有气体过滤膜系统的取样探针或循环水取样器从液体中直接将溶解在其中的气体吸入质谱仪真空分析室，经过离子化，由质谱仪检测器得出气体组成和含量信息。

4）快速隔离阀系统

快速隔离阀门可以在取样探针和循环水取样器的薄膜出现损坏，液体进入取样管路时快速关闭，防止液体进入真空分析室，从而保护质谱仪。

5）快速毛细管取样系统

快速毛细管取样系统（图 5-5）可在 300ms 内对于气体浓度的变化做出反应，取样管流量为 1～20sccm（标准毫升/分钟），可对其进行不同需求的调节。取样压力范围为 100mbar～2bar（$1bar = 10^5Pa$）。

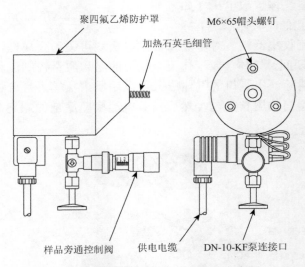

图 5-5　快速毛细管取样系统入口示意图

这提供了一种对反应性或可凝性气体进行采样的动态方法，并且用质谱仪检测蒸气。入口采用两级减压将样品压力降低到可接受的低水平，以便质谱仪运行离子源。在第一阶段，样品气体在样品旁通泵管线的作用下被吸入硅胶毛细管。样品旁通泵管线可使样品气体以低压高速流出毛细管。该气流撞击铂金孔口，提供第二阶段减压直接进入质谱仪离子源。从毛细管出口到孔口，以及从孔口到离子源的距离非常短，通常分别为 4mm 和 12mm。这提供了最小的表面相互作用，可将样品气体直接传输到离子源。孔口和样品旁路区域由集成的筒式加热器加热。双金属盘式热断路器为这些区域提供过温保护。毛细管/孔口接口处的压力取决于样品旁通泵管线输送速度。样品旁通控制阀可调节孔口处的样品压力。控制阀的部分关闭会增加样品压力。这导致通过泄漏孔的样品气流量增加，相应地增加气源压力。

6）真空系统

真空系统是质谱仪的重要组成部分，通常情况下质谱仪的离子源、质量分析器和离子检测器都需要在高真空条件下工作。如果质谱仪的离子光学系统内部不是一个良好真空状态，离子在运动过程中就会和真空室内的残留气体分子频繁地发生碰撞，显著降低仪器的分析灵敏度，并产生一系列的干扰效应，使质谱分析复杂化，造成背景增高、分析误差增大。当真空度变得很差时，还会引起系统内电极之间相互放电或对地放电，使分析无法进行，严重时会损坏仪器的离子光学及电子学部件。因此，真空系统运行的好坏对质谱仪非常重要，不仅直接影响仪器的灵敏度和分析精度，还会间接影响仪器的使用寿命。如果真空系统出现故障，整台设备都会随之停止运转。

## 5.2.2　技术参数

（1）质量数范围：1～200u。
（2）气体取样系统：①膜进样取样系统；②快速毛细管取样系统。
（3）检测极限：≤100ppb。
（4）最小检测分压：法拉第杯检测器≤$2\times10^{-11}$mbar；电子倍增器≤$2\times10^{-14}$mbar。
（5）测量通道：>200 个，离子检测模式（mode of ion detection，MID）模式。
（6）最小扫描步阶：0.01u。
（7）快速扫描速度：≥100u/s。
（8）软离子化技术：离子源可改变电离电压。

## 5.2.3　技术数据

1）概述
硅胶毛细管可以更换为 0.9mm 聚酰胺毛细管。分子泄漏孔可更换为内径为 0.02mm 或 0.03mm 的铂金孔。正常样品压力为 0.1～2.0bar（绝对）。样品旁路区域正常工作温度为 120℃（过温保护在 160℃时运行，在 140℃时会自动复位）。硅胶毛细管正常工作温度为 160℃。
2）电气规格
电气规格为 16V 交流，2.9A 的毛细供电单元总功率。
3）环境数据
工作环境温度范围：–5～40℃。储存温度范围：0～50℃。注意：石英惰性毛细管可以在低至–10℃的温度下临时存储。相对湿度范围：20%～80%（非冷凝）。
4）符号
可在石英惰性毛细管上找到左侧所示符号。该符号表明将达到高温的表面或盖子取下后，会露出热表面。
5）真空系统
①超高真空涡轮分子泵一套和涡轮泵一套；②机械泵作为涡轮分子泵的前级泵，并具有旁路真空系统，可快速响应；③保护控制器可用于检测真空及出现过压时进行互锁以保护质谱仪。
6）分析器
三级过滤四极杆质量分析器，质量数范围：1～300u。

7）检测器

法拉第杯/电子倍增器：①测量通道：＞200 个，MID 模式；②最小扫描步阶：0.01u；③快速扫描速度：100u/s；④最小检测分压：法拉第杯检测器≤$2 \times 10^{-11}$mbar。

质量范围是指一台仪器所允许测量的质荷比从最小值到最大值的变化范围，一般最小为 2，实际上 10 以下已经无用；最大可达数万，利用多电荷离子，实际能达上百万。分辨率（$R$）是判断质谱仪的一个重要指标，低分辨率仪器一般只能测出整数分子量，高分辨率仪器可测出分子量小数点后第四位，因此可算出分子式，不需要进行元素分析，更精确。灵敏度有多种定义方法，粗略地说是表示所能检测出的最小量，一般可达到 $10^{-9} \sim 10^{-12}$g 甚至更低，实际还应看信噪比。

8）载气系统

载气系统包括高精度质量流量计、气体纯化系统、低温冷阱、不锈钢三通阀门管路等。载气首先由气体钢瓶进入气体净化装置，排除杂质气体（主要是 $H_2O$ 和 $CO_2$ 等）对实验的干扰，然后进入流量控制器。根据实验体系的不同，流量控制器的流量设定通常为 0.1～2mL/min（若流速太慢容易降低气相产物的转移效率，流速太快使得溶液挥发加剧）。之后，载气流经电池单元，若将阀门通过不同的方式连通，则可清洗整个系统或将电化学/化学反应产生的气体和易挥发的有机溶液"带入"载气中。当载气依次通过过滤单元后，其中的有机溶剂被过滤，电化学/化学反应产生的气体进入质谱仪进行分析检测。

对于 DEMS 的吹扫进样方式，高纯度的惰性载气是必需的。另外，载气不能与测试组件发生反应，例如，$N_2$ 会与电池中的金属锂发生反应。而 Ar 不仅会缩短质谱仪检测器的使用寿命，而且会电离出质荷比为 18、20、36 和 40 的碎片，可能会与分析气体的重叠。因此综合考虑，高纯度 He 作为载气是一个不错的选择。

9）电化学测试池

电化学测试池可用于锂离子电池和锂-空气电池测试。

10）进样系统

加热毛细管进样的进样压力和进样量可调节。

11）真空系统

海顿分析公司的真空控制单元（vacuum control unit，VCU）是一个通用模块，用于控制四极杆质谱仪减压系统中的真空系统。它还提供互锁便于质谱仪的安全操作。

12）离子源

电子轰击离子源是通过电子碰撞/轰击，使样品分子在高真空条件下离子化。样品中的分子被离子源中电子撞击后电离成质量数小的离子和中性粒子，进入到质量分析器中。

## 5.2.4　仪器说明

本小节所提到的具体仪器是海顿 HPR-40 DEMS（图 5-6），这是一个台式或移动式推车安装模块，用于分析电化学中的溶解物。该系统是模块化的，适应性强。该系统包括两个 DEMS 单元入口，设计用于材料/催化研究和电化学反应研究。DEMS 是一种将电化学半电池实验与质谱法相结合的分析技术。它可以实时地对气态或挥发性电化学反应物、反应中间体和产物进行原位质量解析测定。海顿分析公司提供一系列带有电解质/纳米多孔采样接口的 DEMS 电池，与海顿 HPR-40 DSA 质谱仪连接。对于需要从现有电池或反应器中进行在线电化学质谱的应用，有一系列的标准进气口可供选择，提供净化的废气和溶解的物种分析解决方案。该仪器可分析质量范围为 200～300u 的溶解物种，采用的玻璃碳可满足不同测试需求来涂抹工作电极，还能更换纳米多孔膜，4 个端口可用于附加电极。

1）前面板

安装在 VCU 前面板（图 5-7）上的是一个 128 像素×64 像素的单色液晶显示器（LCD）显示屏和泵开/关摇杆开关。当电源接通后面板电源连接器时，显示器就会亮起。显示屏上会显示如图 5-8 所示的信息。

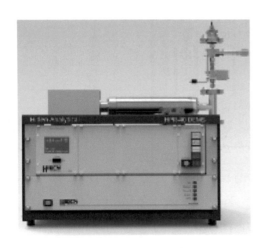

图 5-6　HPR-40 DEMS 仪器图

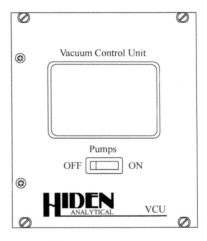

图 5-7　VCU 前面板

图 5-8 中 a 表示来自连接到后面板 G1 接口的压力表的压力读数。b 表示来自连接到后面板 G2 接口的压力表的压力读数，如果没有连接仪表，这将是空白的。c 表示来自连接到后面板 G3 接口的压力表的压力读数，如果没有连接仪表，这将是空白的。d 表示四种可能的仪表类型：选项是 AIM（冷阴极）、AIGX（活性离子）、WRG（宽范围）和 AIP（皮拉尼）。e 表示压力表的压力单位。f 表示三个设定点的状态。g 表示泵状态，选项为 ON 和 OFF。h 表示一旦泵启动，涡轮分子泵将开始加速，当它达到全速时会显示 100%。

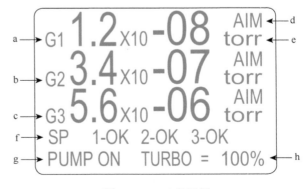

图 5-8　VCU 显示屏

2）后面板

图 5-9 显示了 VCU 后面板。动力是 IEC 电源连接器，VCU 的主电源连接。G1 是连接到 Edwards 总压力表，通常安装在质谱仪的真空室。G2 和 G3 是连接到额外的 Edwards 总压力表。TP 是 15 式 D 型插座，与 Edwards 涡轮泵连接。E1、E2、E3、E4 是高密度 D 型插座。VCU 将通过信号电缆控制 Edwards 涡轮泵，涡轮泵直接由主配电块供电。电压范围为 100～240V 交流电，频率为 50～60Hz。

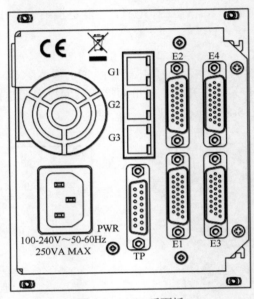

图 5-9　VCU 后面板

3）毛细管动力单元

毛细管动力单元（capillary power unit，CPU，图 5-10）用于控制加热的毛细管。

4）样品入口控制器

样品入口控制器（图 5-11）为 HPR-40 单膜进口提供控制和保护功能。

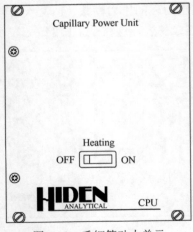

图 5-10　毛细管动力单元

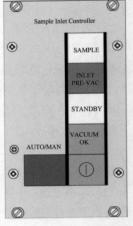

图 5-11　样品入口控制器

## 5.3　原位附件装置及参数

### 5.3.1　原位电催化附件参数指标

原位微分电化学质谱仪（DEMS）在电催化测试中，依靠真空压差作为动力，通过阻水透气膜将电极表面电化学反应产生的气体或挥发性产物或中间产物在毫秒时间内抽取到质谱仪中，从而实现高灵敏度、高分辨率地检测产物，主要应用于电化学甲醇氧化反应（MOR）、乙醇氧化反应（EOR）、二氧化碳还原反应（$CO_2RR$）、氢气析出反应（HER）、析氧反应（OER）、氧还原反应（ORR）、氮还原反应（NRR）、硝酸根还原、氨氧化等电催化反应中（图 5-12）。

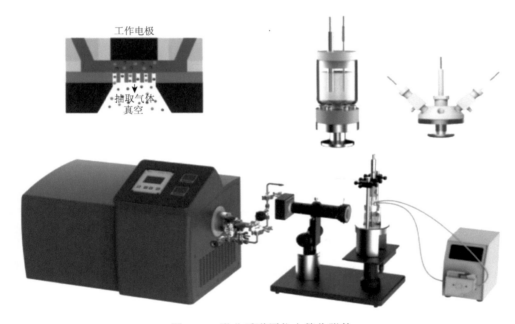

图 5-12　微分质谱原位电催化附件

DEMS 适用的领域有：

（1）$CO_2$ 电催化还原气相产物（CO、$CH_4$、$C_2H_4$、$CH_3OH$ 等）瞬时检测，相对法拉第效率测定；

（2）硝酸根电催化还原中 NO、$N_2O$、$NH_2OH$、$NH_3$、$N_2$ 等中间产物或最终产物原位检测；

（3）电解水 OER 同位素标记 $^{18}O$，晶格氧介导机理（LOM）或吸附产物演化机理（AEM）确认；

（4）$CH_3OH$ 电氧化反应中间产物或最终产物（HCHO、HCOOH、CO 等）瞬时检测及各产物电流效率计算；

（5）氢同位素标记，氢气析出反应机理解析；

（6）碳材料稳定性评估（高电位条件下 CO、$CO_2$ 检测）；

（7）其他（光催化、光电催化、氧还原、氢氧化、氯气析出、有机电合成等）。

## 5.3.2　原位电池附件参数指标

微分电化学质谱仪能够原位分析锂离子电池、钠离子电池、金属-空气电池等储能器件在运行过程中产生或消耗的微量气体，可以实时分析检测电池运行的不同阶段的气体消耗或生成情况，从而获得电化学反应中气体参与或气体释放的定性定量信息。

应用的领域有：

（1）富锂正极材料首次充电 $O_2$ 析出检测；

（2）高压钴酸锂首次充电 $O_2$ 析出检测；

（3）高镍正极材料首次充电 $O_2$ 析出检测；

（4）钠离子电池正极材料首次充电 $O_2$ 析出检测；

（5）负极材料放电过程中气体析出检测；

（6）锂离子电池电解液分解气体析出检测；

（7）水系锌离子电池充放电气体析出检测；

（8）Li-$O_2$ 电池充放电过程中 $O_2$ 检测；

（9）Li-$CO_2$ 电池充放电过程中 $CO_2$ 检测；

（10）Li-$N_2$ 电池充放电过程中 $N_2$ 检测。

微分电化学质谱仪有很多原位电池附件，可根据实验选择合适的原位电池。本小节主要介绍一种电池。

### 1. 基本信息

图 5-13～图 5-16 为 LBNL dems 电池的基本构造。

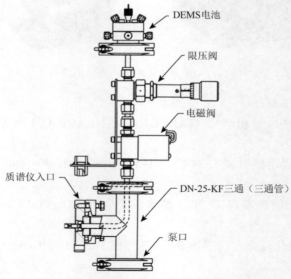

图 5-13　LBNL dems 单元入口

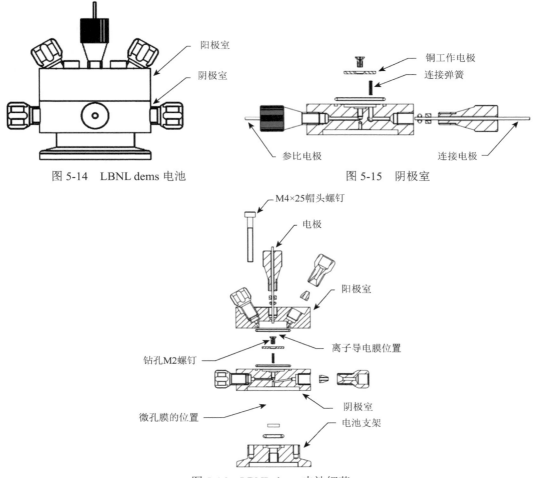

图 5-14　LBNL dems 电池

图 5-15　阴极室

图 5-16　LBNL dems 电池细节

## 2. 具体操作

以下的内容由劳伦斯伯克利国家实验室提供。

### 1）工作电极的制备

电池的性能很大程度上取决于工作电极的排列组装。工作电极应抛光至镜面光洁度，顶部表面应平整，无斜边。此外，电池体、工作电极和螺丝组装时都应顶面齐平，以确保良好流体动力学，并防止工作电极腔内的气泡滞留。

使用测量仪器测量电池体中工作电极安装凹槽的深度（图 5-17 中绿色区域）。工作电极的厚度应该尽可能接近这个深度。如果工作电极太厚，则需要打磨；如果工作电极太薄，则需要更换或使用垫片增加厚度。

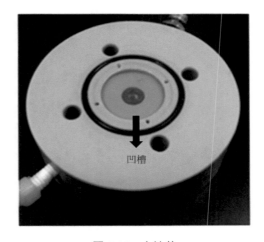

图 5-17　电池体

2）工作电极室的组装

在工作电极室组装之前，需要对器件清洗以清除杂质。首先是去除电池体内的机器油脂，需要在异丙醇中超声作用 1h，然后用去离子水彻底冲洗。之后在 20%（质量分数）的硝酸中超声 1h，再用去离子水彻底冲洗，以去除电池体中的微量金属杂质。清洗完成之后，组装工作电极电气连接组件并测试其连续性。随后插入 1mm 外径的参比电极，使参比电极的尖端位于工作电极室电解质入口的中心，如图 5-18 所示。通过使用 IDEX F-252 间隔套筒（图 5-18 中紫色套筒），可以实现更好的密封。之后将工作电极放在电池体上，并使用聚四氟乙烯压力机将其压入合适的位置。聚四氟乙烯压力机的直径应大于工作电极，但小于工作电极室（图 5-19 中的绿色区域内）。这可确保工作电极被压入，以便顶部表面与电池体齐平。如图 5-20 所示，检查工作电极与工作电极表面连接的连续性。检查完成后，旋入螺丝，并确保螺丝顶面与工作电极顶面平齐，如图 5-21 所示。最后，将合适的 O 型环放于工作电极室上，完成工作电极室的组装。

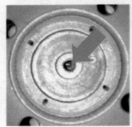

图 5-18　参比电极插入示意图

图 5-19　安装工作电极

图 5-20　检查工作电极连接到工作电极表面的连续性

图 5-21　安装螺丝示意图

3）对电极室组装

同样地，在组装之前将电池体在异丙醇中超声 1h，然后用去离子水彻底冲洗，清除电池体上的机器油脂。此外，在 20%（质量分数）的硝酸中超声 1h，再用去离子水彻底冲洗，以去除电池体中的微量金属杂质。使用外径为 12mm 的铂网圆盘作为对电极，这样可以在电化学过程中看到工作电极的表面，帮助排除后续可能出现的问题。接下来使用直径为 1mm 的导电棒，使其通过电池体中心的端口与铂网产生电接触。在这里最好是使用与对电极相同材料的导电棒。此外，可将导电棒的最后 1～2mm 弯曲成 90°角，这将有助于进行电气连接，如图 5-22 所示。最后如图 5-23 所示，将对电极室与相关的 O 型环配合。

图 5-22　导电棒

4）电化学电池组装和安装在质谱仪上

（1）将不锈钢熔块组件（图 5-24）放置在工作台上，并将其与相关的 O 型环配合。

（2）切割一个 2cm×2cm 的聚四氟乙烯薄膜（图 5-25），其有效孔半径为 20～30nm，并将其放置在不锈钢熔块组件上。

（3）将组装好的工作电极室放置在聚四氟乙烯薄膜的顶部（图 5-26）。

（4）在工作电极室上放置一个 2cm×2cm 的离子导电聚合物膜（图 5-27）。

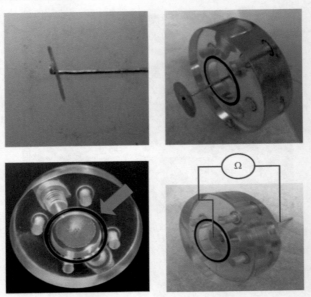

图 5-23　组装电池与连续性检查

图 5-24　不锈钢熔块组件

图 5-25　聚四氟乙烯薄膜

图 5-26　工作电极室放置在聚四氟乙烯
　　　　　薄膜顶部

图 5-27　离子导电聚合物膜

（5）将对电极室放置在工作电极室上，使离子导电聚合物膜完全分离两个室（图 5-28）。

（6）将组装好的电化学电池拧到不锈钢熔块支架上（图 5-29）。

图 5-28　对电极室放置在工作电极室上　　　　　图 5-29　电化学电池拧到不锈钢熔块支架上

（7）将电池连接到质谱仪上，使电池相对于质谱仪处于 90°角，其中一个对电极室端口朝上。

# 5.4　仪器分析方法校正

## 5.4.1　质谱仪真空检漏、调谐

质谱仪的调谐是为了得到好的质谱数据，因此在进行样品测试前需要进行质谱仪真空检漏、调谐。在开关机、换灯丝之后要做调谐，如果仪器一直处于开机状态，1～2 周要做一次调谐。调谐完之后要重新做标准曲线。检查水峰、氮气峰，如果氮气 $m/z = 28$ 的峰高是水 $m/z = 18$ 峰高两倍以上，就有可能漏气。有可能造成氮气峰较高的原因有以下几种：①如果刚更换了钢瓶或载气管路过滤器，可能由于载气管路中混入空气，会在刚开机时造成氮气峰较高。可加大分流比，吹扫 10min 后再进行漏气检查。②如果载气管路中安装了氧气过滤器，使用一段时间后，过滤器饱和而释放氮气，会造成在漏气检查时氮气峰较高，这时需要更换新的氧气过滤器。③如果氦气纯度不够，杂质中可能含有部分氮气，在峰检测时氮气峰会略高。当发现系统漏气时，必须找到漏气点。可以用进样针吸取少量石油醚，依次注射于进样口上部螺母、色谱柱两端接头和离子源前门处，并观察 43 质量数的峰高，若峰高明显增大，说明该部位有漏气。找到漏气点后，将其拧紧或重新连接好。调谐完成后要评价调谐报告：①检查峰的形状是否有明显的分叉、是否对称；②检查半高宽的值是否在 0.6±0.1 范围内；③检查检测器电压是否超过 1.5kV，与前一次调谐数据对比，相差 0.2～0.3kV 是可以的，若相差太大需重新调谐；④最强峰是 $m/z = 69$，其峰强度是否最少是 $m/z = 28$ 峰强度的 2 倍；⑤$m/z = 502$ 的相对强度比值是否大于 2%。以上几点都符合，表明此次调谐数据是可用的。

### 5.4.2　机械泵更换泵油

机械泵更换泵油的周期是 3000h。应在停止真空、关闭工作站和主机电源后更换泵油。将机械泵放到高于地面的位置，将废液瓶对准位于机械泵下端的排油口，打开位于机械泵上端的注油口，拧开排油口的塞子，排出泵油。等排出全部泵油后，拧紧排油口的塞子，缓慢加入新的泵油，加入油的液面接近最大液面处，拧紧塞子，将机械泵放到原来位置。等仪器正常启动后，选择重置消耗品对话框，将泵油使用时间清零。

### 5.4.3　清洗离子源

离子源污染会造成重现性不良，应及时清洗离子源。进行离子源清洗操作时需要戴清洁的手套。清洗离子源分为以下三个步骤：

（1）取出离子源。停止真空后，拧松真空舱旋钮，拉开舱门，用镊子拔下排斥极挡片，将导线移到左边，将离子源安装杆放在离子源上，用一字螺丝刀将离子源的两个固定螺丝拧松一圈，再用镊子将离子源的固定卡具先向右再向下移动到固定位置，用一字螺丝刀将两个固定螺丝完全拧开，用安装杆取出离子源。

（2）清洗离子源。将离子源放在洁净的纸上，取下安装杆，分开排斥极套装和离子源盒。用研磨砂纸反复擦拭离子源盒的内部和两侧圆孔，擦拭排斥极的平面、侧边的圆周面，用洗耳球清除表面沙尘后，在丙酮溶液中超声清洗 30min，然后在 400℃的马弗炉中老化 1h。组装排斥极套装，将排斥极安装在离子源盒上，把离子源安装杆拧紧到离子源盒上。

（3）安装离子源。将固定好的离子源安装回仪器腔体中，先将离子源两个固定螺丝拧紧，再拧松一圈，用镊子按先向上再向左的顺序将离子源卡具拨回，拧紧两个固定螺母，卸下离子源安装杆。用镊子将导线装回排斥极，确认排斥极导线接触好，排斥极导线与其他导线不能相互接触，确认离子源卡具在初始位置，拧紧固定离子源的螺丝。关闭舱门，仪器正常启动后，在工作站中重置消耗品对话框，将离子源使用时间清零。

### 5.4.4　更换灯丝

停止真空后，拧松真空舱旋钮，拉开舱门，用镊子小心地拔掉要更换灯丝的两根导线，将导线拨到左边，用一字螺丝刀拧松螺母，用镊子取下螺母，然后用镊子取下灯丝，更换新灯丝，用镊子装上新灯丝并固定好，用镊子装上灯丝的固定螺母并拧紧。将两根灯丝导线连接在灯丝上，并用镊子将两根导线往灯丝方向推，使两根导线与灯丝紧密接触，无短路。关闭舱门，旋紧真空舱旋钮。仪器正常使用后，将灯丝之前的使用时间清零。影响灯丝使用寿命的因素有以下几点：

（1）真空度是否良好。一般情况下真空启动半小时后才能打开灯丝，在真空度不好时打开灯丝，会加快灯丝消耗。

（2）真空是否存在漏气。真空漏气会加快灯丝的氧化和消耗。

（3）样品浓度会影响灯丝的寿命。长期分析高浓度样品会加快灯丝消耗。

（4）灯丝与离子源应安装在正确位置，若位置有偏差，会导致灯丝变形而缩短使用寿命。

（5）溶剂切除时间设置不合适。在出溶剂时打开灯丝，会加快灯丝消耗。

（6）清洗离子源时离子源上下两个电子导入孔清洗不干净，会导致电子导入效率降低，从而加快灯丝消耗。

## 5.5　原位质谱技术在电化学中的应用

微分电化学质谱仪（DEMS）是一种原位谱学电化学分析仪器，主要用于检测挥发性中间产物和最终产物，利用获得的定性定量信息研究电化学反应机理。DEMS 是研究电化学反应机理不可或缺的重要工具之一。DEMS 系统将电化学反应装置与质谱仪联用，由电化学反应产生的挥发性产物从疏水透气的膜接口进入质谱仪的真空系统管路中，通过质谱仪获得不同质荷比离子的电流随时间的变化。在电化学反应机理研究中，循环伏安（CV）法是一种较为常用的电化学手段，从获得的 CV 图形中可以获得丰富的电化学信息，因此 CV 法被频繁地用于 DEMS 研究中。利用 DEMS 进行电化学研究时，由质谱仪检测 CV 扫描过程中所生成的挥发性产物的离子电流信号随时间的变化，再通过时间轴向电位轴的变换即获得离子电流随电位变化的图形［质谱-电化学循环伏安法（MSCV）］。CV 与 MSCV 的结合能为电催化反应机理研究提供更全面、更深入的信息。

锂离子电池中的电化学反应是锂离子在正负极材料中的嵌入/脱嵌反应，锂-空气电池中的电化学反应则是锂和氧气的转换反应，这两种储能体系中的电化学反应完全不同，但存在诸多共性，如气体生成现象。在锂离子电池中 SEI 膜的形成和电解液分解过程中会产生各种气体，如 $H_2$、CO、$CO_2$、乙烯等。锂-空气电池在工作时消耗和释放 $O_2$，当存在副反应时，也会产生 $H_2$ 和 $CO_2$ 等。DEMS 作为一种电化学现场研究技术，能定性和定量分析电池运行过程中产生/消耗的气体，对于研究电池的反应机理、SEI 膜形成、不可逆容量、循环寿命、过电位、电解液和电极稳定性，以及电池系统安全性具有重要意义。

### 5.5.1　原位质谱技术在电催化中的应用

DEMS 是将电化学和质谱技术相结合而发展起来的一种现代电化学现场测试手段。DEMS 可以实时检测在电化学反应过程中的挥发性气体产物及中间体，动力学参数及其结构的性质等。当电极反应的产物为共析时，DEMS 技术可以同时确定每种产物的法拉第电流随电极电位或时间的变化。

电催化反应是发生在固体电催化剂表面或其附近的多相催化反应,在电化学合成、电化学传感、电解,尤其是燃料电池等领域具有重要的应用。电催化反应过程中电催化剂表面化学状态,即表面活性位点的动态变化影响催化效率、控制反应过程,电催化剂研发的关键科学问题就是如何通过材料表面的修饰增强活性位点的催化活性,或增加活性位点的个数,或缩短多组分催化剂上两种活性位点之间的距离来提高催化效率。因此,对电催化剂活性位点的根本性理解,以及定量地建立它们与电催化过程和效率之间的关系,将有助于新型高效催化体系的设计。然而,在电极-电解质界面(厚度为纳米尺度)上原位实时获取分子证据,揭示电催化反应机理一直是电催化化学领域的难题。

Ni-Fe(OOH)是碱性电解液中析氧反应(OER)中已知的最活跃的电催化剂,在电化学能量转换方面具有重要的科学意义[22]。Mikaela Görlin 等结合原位紫外-可见光谱电化学、DEMS 和原位低温 X 射线吸收光谱(XAS),揭示、研究和讨论了导电载体和电解液的 pH 对 Ni-Fe(OOH)催化剂氧化还原行为和对催化 OER 活性的影响。导电载体存在下和 pH>13 时,Ni-Fe(OOH)氧化还原峰对应的预催化伏安电荷增强,阴极转移增强,催化 OER 活性提高 2~3 倍。基于 DEMS 的氧气法拉第效率和电化学紫外-可见光谱曲线的分析,一致证实了实验的伏安测试结果,证明了在较高的 pH 条件下,更多的阴极 $O_2$ 释放和更多的阴极 Ni 氧化。

## 1. 样品前处理

配制浓度为 0.1mol/L、0.5mol/L 和 1mol/L 的 KOH 电解液,来记录 DEMS。DEMS 电池通过孔径为 30nm 的 150μm 微孔 PTFE 膜[科倍(Cobest)集团]连接到质谱仪[QMS 200,普发(Pfeiffer)]上。2 台涡轮分子泵(HiPace 80)在 $10^{-6}$mbar 条件下运行。将催化剂滴铸在抛光的玻碳(GC)电极[$\Phi$ = 5mm,旋转圆盘圆环电极装置(pine research instrumentation)]上,使 Ni + Fe 的总金属负载量为 10μg。扫描极限因电解液 pH 的不同而略有变化,以解释电阻和催化活性的差异。

## 2. 样品测试

DEMS 是在双薄层电化学流动池中测定。电化学控制采用 BioLogic 恒电位仪进行电化学控制,Ag/AgCl 为参比电极[华纳仪器(Warner Instruments),Pt 网为对电极。在可逆氢电极(reversible hydrogen electrode,RHE)($E_{RHE}$ = 0.198V + 0.059V × pH)条件下,用 $H_2$ 饱和电解质中的 Pt 工作电极标定各电解质中的实际偏移量。首先以 100mV/s 的扫描速度对催化剂进行 200 次循环预处理,直至达到稳态 CV。利用催化剂特有的校正因子 $K_j^{**}$,将每个催化剂的质谱离子流($i_{MS,j}$)转换成相应的法拉第电流贡献($i_{F,j}^{DEMS}$),分别对质谱离子流和法拉第电流进行稳态测量,得到 $K_j^{**}$ 值:

$$K_j^{**} = \frac{i_{MS,j}}{i_{F,j}^{DEMS}}$$

　　将伏安法拉第电流和质谱离子流积分，分别得到 $Q_F$ 和 $Q_{MS,j}$，从而测定一种物质的特异性法拉第效率（FE）：

$$FE(\%) = \frac{Q_{MS,j}}{Q_F \times K_j^{**}} \times 100$$

　　为了跟踪法拉第电荷在产物形成（$O_2$ 释放）和催化剂氧化还原过程（金属氧化还原态的变化）中的分布，Mikaela Görlin 等采用了 DEMS。测量是在双薄层电化学流动池中进行的，根据其他文献报道的类似设计，对未负载 $Ni_{45}Fe_{55}$ 和负载 $Ni_{45}Fe_{55}/C$ 催化剂进行了析氧活性的测量，这是为了深入了解碳载体和电解液 pH 对电荷效率的影响。分别在 0.1mol/L、0.5mol/L 和 1mol/L KOH 电解液（pH 分别为 13、13.7 和 13.9）中进行了测量。催化剂先在 0.1mol/L KOH 中循环，循环约 200 次，直至达到稳态 CV，然后切换到 0.5mol/L KOH 中，再切换到 1mol/L KOH 中。利用催化剂特有的校正因子（$K_j^{**}$）计算了 $O_2$ 的法拉第效率（$FE_{O_2}$），即将离子流转化为相应的由 DEMS 衍生的法拉第电流（$i_{F,O_2\ DEMS}$），其积分电荷除以质谱离子流积分得到。

3. 数据解析及处理

　　在图 5-30 的电位域中，比较了伏安法拉第电流（黑线）和 $O_2$ DEMS 法拉第电流（$i_{F,O_2\ DEMS}$）（彩色线）的循环扫描，得到了两个数据集的时间域。图 5-30 中的彩色区域表示出氧电荷对应的 $i_{F,O_2\ DEMS}$ 积分，黑线表示总的伏安法拉第电流（$i_F$）。

　　在 0.1mol/L KOH 中，非负载型 $Ni_{45}Fe_{55}$ 催化剂的 $O_2$ 法拉第效率为 93%，负载型 $Ni_{45}Fe_{55}/C$ 催化剂的 $O_2$ 法拉第效率为 81%，表明非负载型 $Ni_{45}Fe_{55}$ 催化剂的氧化还原活性较低。通过改变 KOH 电解液浓度从 0.1mol/L→0.5mol/L→1mol/L 逐渐升高 pH，$Ni_{45}Fe_{55}$ 催化剂在相应电解液中的表观氧化还原电荷显著增加，$FE_{O_2}$ 从 93%→86%→85%，$Ni_{45}Fe_{55}/C$ 催化剂从 81%→61%→55%，见图 5-30（g）。此外，在催化剂相关氧化还原波接近完成之前，$O_2$ 的释放并没有开始。实验的数据首次证实了随着 pH 的升高和催化剂在载体上分散程度的增加，催化剂相关的氧化还原过程重新出现。

　　从图 5-30 中评价 $O_2$ 法拉第效率，从总法拉第电荷中忽略催化剂氧化还原电荷，在无负载的 $Ni_{45}Fe_{55}$ 催化剂的峰值反卷积误差范围内接近 100%（图 5-31）。相反，对于 $Ni_{45}Fe_{55}/C$ 催化剂，尽管试图消除与氧化还原峰相关的电荷，但效率却低得多。这可能除了催化剂的氧化还原电荷外，还有碳腐蚀过程中产生的贡献。值得注意的是，不能从 $CO_2$ 信号的缺失（$m/z$ 44）判断负载和非负载型催化剂下 $CO_2$ 的伏安法拉第电流强度，见图 5-32。这一事实并不排除 $CO_2$ 的生成，因为在碱性条件（pH = 13～14）下，$OH^-$ 与 $CO_2$ 反应生成溶解的碳酸盐，$CO_2$ 将检测不到。在先前的研究中发现，在 $Ni_{65}Fe_{35}/C$ 催化剂的磷酸盐缓冲溶液（pH = 7）和硼酸盐缓冲溶液（pH = 9.2）中可以检测到 $CO_2$。因此，应当记住，Ni-Fe/C 催化剂法拉第效率较低的部分原因可能是碳腐蚀过程，而不仅仅是金属氧化还原过程增强。这还需要进一步的研究来评估 pH = 13～14 时碳腐蚀的贡献。

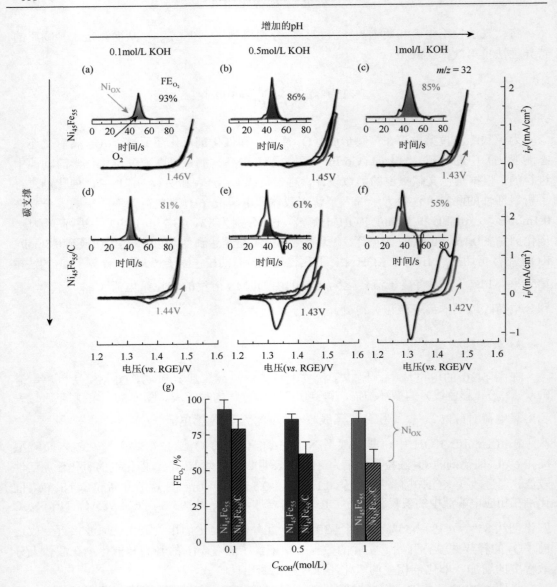

图 5-30　DEMS 是在电化学流动池中测量的。扫描速度为 10mV/s，依次切换
0.1mol/L→0.5mol/L→1mol/L KOH 电解液。（a）～（c）非负载型 $Ni_{45}Fe_{55}$ 催化剂在 0.1mol/L KOH（灰色）（a）、
0.5mol/L KOH（蓝色）（b）、1mol/L KOH（红色）（c）中的循环伏安曲线。（d）～（f）负载型
$Ni_{45}Fe_{55}$/C 催化剂在相应电解液浓度下的循环伏安曲线。由于与不同电解质 pH 相关的欧姆电阻和
参考电极位移，时间尺度不能保证完全校正时间漂移和插入位移。恒电位仪记录的电流密度（$i_F$）
如黑色曲线所示。$O_2$（$m/z$ 32）法拉第电流 $i_{F,O_2\ DEMS}$ 如彩色线或区域所示。插入数表示 $O_2$ 法拉第效率
（$FE_{O_2}$），底部箭头处的电位值表示 OER 起始电位。（g）非负载型 $Ni_{45}Fe_{55}$ 和负载型
$Ni_{45}Fe_{55}$/C 在相应电解液中 $O_2$ 的法拉第效率（$FE_{O_2}$）

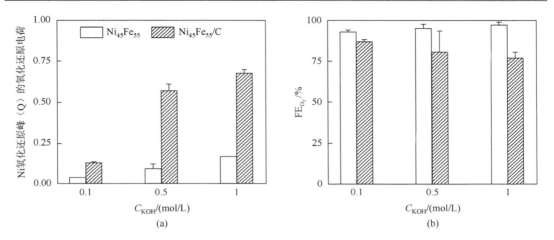

图 5-31　（a）在 0.1mol/L、0.5mol/L 和 1mol/L KOH 下，扫描速度 10mV/s 的 DEMS 实验中提取的阴极 $Ni^{2+} \longrightarrow Ni^{3+/4+}$ 氧化还原峰（Q）的氧化还原电荷；（b）将（a）所示氧化还原峰面积减去后 $O_2$ 的法拉第效率（$FE_{O_2}$）

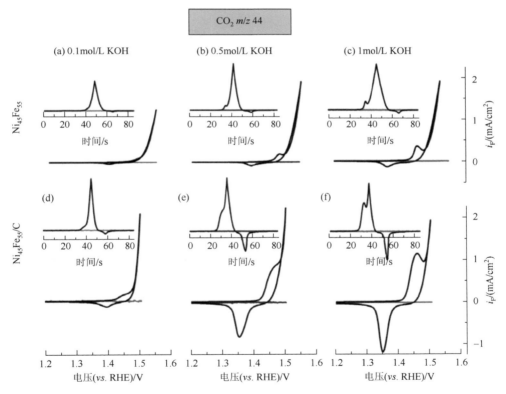

图 5-32　$CO_2$（$m/z$ 44）的 DEMS 测量，扫描速度为 10mV/s。（a）～（c）未负载 $Ni_{45}Fe_{55}$ 催化剂在 0.1mol/L KOH［（a），灰色］、0.5mol/L KOH［（b），蓝色］和 1mol/L KOH［（c），红色］中的循环伏安曲线，（d）～（f）$Ni_{45}Fe_{55}$/C 催化剂在上述电解液中的循环伏安曲线，恒电位仪处的电流密度（$i_F$）为黑色曲线，质谱检测的 $m/z$ 44 法拉第离子流为有色线

Mikaela Görlin 等的 DEMS 电荷效率分析证明, 碳载体和较高的 pH 都能促进催化剂金属的氧化还原过程, 但方式截然不同。由图 5-33 的塔菲尔 (Tafel) 图分析可知, 随着析氧开始, 碳载体发生偏移并强烈增强催化剂氧化还原波, 导致 OER 活性和周转频率 (TOF) 大大增加。pH 降低使催化剂的氧化还原波发生阴极移动, 其幅度也增大, 从而降低了 OER 的起始电位 (图 5-33)。这些发现明确排除了由于析氧开始对催化剂伏安氧化还原过程的任何简单掩蔽。载体诱导的催化剂颗粒分散增加, 引起了更好的电荷输运和 Ni/Fe/配体中心数量的急剧增加。需要注意, 在 $Ni_{45}Fe_{55}$ 催化剂上释放 $O_2$ 时存在阴极 "尾巴"。这种离子流尾在多晶 Pt 甚至 $IrO_x$ 等粗糙程度较小的表面上没有出现[24]。在以往的研究中, 不同组成的非负载型 Ni-Fe(OOH) 催化剂也可以观察到这种现象。Mikaela Görlin 等推测这种延迟的 $O_2$ 释放可以反映 $O_2$ 的动力学或扩散限制释放[25, 26]。

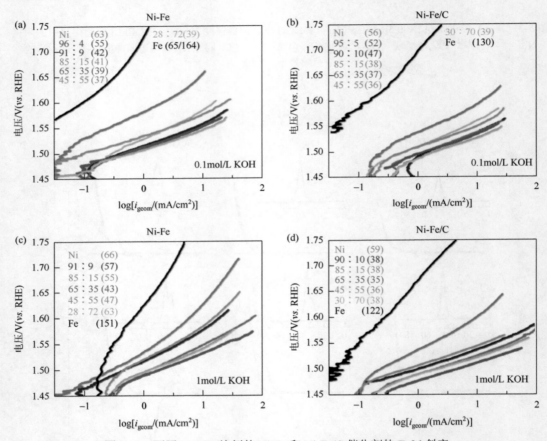

图 5-33　不同 Ni、Fe 比例的 Ni-Fe 和 Ni-Fe/C 催化剂的 Tafel 斜率

（a）0.1mol/L KOH 中 Ni-Fe 催化剂；（b）0.1mol/L KOH 中 Ni-Fe/C 催化剂；（c）1mol/L KOH 中 Ni-Fe 催化剂；（d）1mol/L KOH 中 Ni-Fe/C 催化剂。图例中 Ni、Fe 的原子组成由电感耦合等离子体发射光谱仪测定。组合后括号内给出 Tafel 斜率。Tafel 斜率由转速为 2200r/min, 扫描速度为 2mV/s 时测量的 CV 估计, 作为阳极和阴极扫描的平均值

总而言之, 该 DEMS 实验表明, 催化剂氧化还原活性的强弱, 与预活性金属/氧中心的数量有关, 与电解质的 pH 和催化剂的分散性有关。催化剂氧化还原活性将直接影响催化 OER 活性。

## 5.5.2　原位质谱技术在电池测试中的应用

　　锂离子电池的工作原理主要是 Li⁺ 在正极和负极之间移动。如图 5-34 所示，锂离子电池在放电时，层状石墨负极中储存的 Li⁺ 就会从石墨片层中出来，溶剂化或扩散迁移到正极，再脱溶剂化进入钴酸锂的脱嵌过程。锂离子电池的充电过程和放电过程是可逆过程。在理想情况下是可逆无限循环下去，但是实际的情况是在循环一定的周期后，电池就会失效，无法实现无限循环。这是因为电极与电解液界面会发生一系列的副反应，从而导致电池的能量密度和安全性下降。不良的界面产生的反应有负极与电解液的界面反应。这个副反应首先是在负极发生还原反应，形成固态电解质界面膜（SEI 膜）及其他产物。这些产物会以固态、液态和气态的形式存在。所以发展电化学质谱，就要理解电化学反应界面的工作原理，从而指导电极材料的开发与设计。

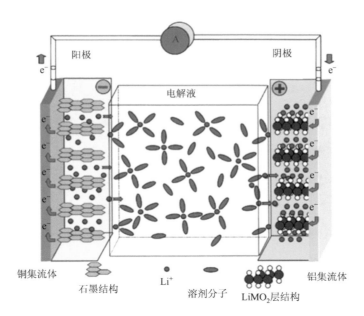

图 5-34　以石墨为负极，钴酸锂为正极的锂离子电池工作示意图

　　电化学界面反应的工作原理以电解液和电极界面的反应为例。由于电解液中存在溶剂化的 Li⁺ 和自由溶剂分子，当给一个电场或电流时，在电场的驱动力下，溶剂化的 Li⁺ 会向电极界面扩散，当到达电极界面时，发生溶剂脱附[27]。此时，电子会给到这个溶剂化离子，然后发生一系列的副反应从而产生不可溶性的产物。不可溶性的产物就会吸附在电极的表面。反应中也会产生一些液态的产物，溶解在电解液中，还会生成一些可燃性气体，如 $H_2$、CO、$C_2H_4$ 等。这一系列的副反应对电池的安全性产生了很大的困扰。以 Li⁺ 的碳负极为例，刚开始充电时会发生很多副反应（SEI 膜形成的反应），从而生成很多产物，如不溶性的产物、可溶性的产物、气体的产物。在锂离子电池工作过程中产生的这些产物该如何分析呢？

　　而在生成固态的产物之后，又会带来一系列的后续问题，如反应的位点在哪里；是发生在电极与 SEI 的界面处，还是发生在 SEI 与电解液的界面；溶剂化结构的 Li$^+$脱溶剂分子后如何在 SEI 膜中传递。如今针对这一系列的问题，研究者采用不同的原位手段进行表征和分析。对于理解电极与电解液界面的反应过程，如图 5-35 所示，有研究者采用光谱的方法进行表征说明。虽然通过光谱的方法能够获得电极与电解液界面丰富的化学信息，但是该方法只是基于平均位置的化学信息，并且空间分辨率比较差，因此光谱的方法存在一定的不足。另外，原位的扫描电子显微镜（SEM）、透射电子显微镜和原子力显微镜也用来对电极与电解液界面反应进行表征。但是，这只能获得界面处的形貌信息，很少能够获得分子的信息。以上的表征手段都不利于整个界面完整的物理图像的呈现。而质谱可以提供对于界面反应的补充信息，对于不溶性的产物可以用 EC-SIMS 来分析；对于可溶性的产物可以用 EC-ESI/MS 来分析；对于气体产物可以用 DEMS 来分析，如图 5-36 所示。

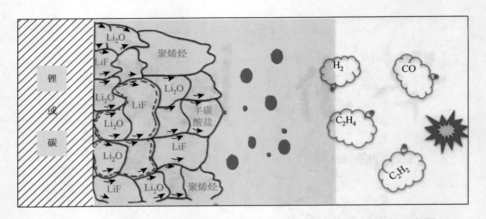

图 5-35　以锂或碳为负极的锂离子电池的负极与电解液界面反应的示意图

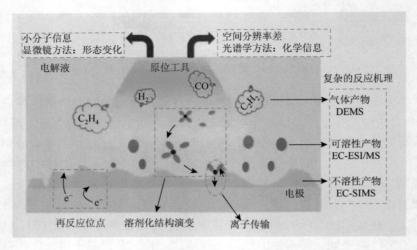

图 5-36　锂离子电池中的一系列副反应示意图

对于电化学质谱，首先要考虑电化学池的设计，例如，如何让对电极的副反应层不会扩散到工作电极表面去影响反应；电解池应该设计成多大。然后，需要考虑一个非常重要的因素是如何将工作电极表面产生的物种（气态的、液态的、固态的）转移到质谱中，转移线是需要特别考虑的，因为转移线的长短与转移速度会影响仪器的最终实际分辨率。还要考虑离子化的方法，不同的离子化方法要选择不同的转移线，有的甚至不需要转移线。最后要考虑的是如何将反应物种导入质谱中，即产物的收集方法，因为它涉及定量的难易程度及对反应检测的灵敏度。

DEMS 有两种进样方式，分别是膜进样和毛细管进样。膜进样方式是最传统的，用一个多孔的 PTFE 薄膜将电化学池中的多孔电极和电解液与质谱的真空隔开。如果电化学反应在多孔电极薄膜上发生，以及产生的气体通过压差会扩散到质谱的前置真空中并被探测到，就可以选择膜进样方式。而毛细管进样方式则不涉及多孔的薄膜。

目前来看，载气吹扫进样方式使得气体的转移效率接近 100%，定量结果较为准确。然而，DEMS 的响应时间（一般为 1~5s）远远不能达到单电子反应水平，如飞秒级别，这样使得 DEMS 研究多电子耦合的电化学过程变得尤为困难。此外，用 DEMS 直接研究实际锂离子电池体系还未见报道，如圆柱电池、软包电池、铝壳电芯等。其中，几个技术难点需要克服：①实际的锂离子体系，如软包电池，化学/电化学产气量比质谱模型电池大很多，这也对 DEMS 的载气系统提出了更高的要求；②如何将实际的锂离子电池接入质谱的载气系统；③气体定量准确性如何提高。未来的研究方向将更多集中在提高 DEMS 的时间分辨率，尽量缩短 DEMS 气路长度和减小毛细管管径，以及尽可能增加载气流速或设计新型的进样方式。另外，设计新的接近实际电池体系的质谱电化学池和载气系统也至关重要，这对实际工业生产具有重要意义。

1. 样品前处理及制备

将 0.558g（1.88mmol）$Zn(NO_3)_2 \cdot 6H_2O$ 溶于 16mL 甲醇中形成溶液 A，将 0.616g（7.50mmol）2-甲基咪唑（2-MeIM）溶于 15mL 甲醇中形成溶液 B。然后，将一块直径为 50mm 的碳布（CC）浸入上述混合溶液中，引发 ZIF-8 在碳布表面的静态生长。在 35℃ 下保温 12h 后，将得到 ZIF-8 覆盖的碳布，用甲醇轻微洗涤，并在 60℃ 下真空干燥过夜。最后，将 ZIF-8@CC 以 5℃/min 的速率升温至 900℃，氮气保护下，保温 3h。管式炉自然冷却至室温后，将 ZIF-8@CC 直接切割成 12mm 大小作为催化剂，无须进一步处理。此外，在相同的实验条件下，只改变用量，合成了不同 Ru 负载量的催化剂。

2. 样品测试

DEMS（Pfeiffer QMG250，德国）使用定制的 Swagelok 电池模具。吹扫气的流量一般为 5mL/min。在放电过程中，采用质量比为 1∶4 的 $Ar/O_2$ 混合气作为载气，对 $O_2$ 的消耗量进行量化。Ar 作为内部示踪气体，具有已知的恒定流量。对于可充电锂-氧电池（LOB），采用高纯 Ar 作为载气。DEMS 实验中的 LOB 在 0.15mA 下以 1h 终止放电。

### 3. 数据解析及处理

可充电 LOB 是未来电动汽车和可穿戴/柔性电子领域最有前途的候选者之一[28-30]。然而，在放电和充电过程中，ORR 和 OER 的缓慢动力学严重阻碍了它们的发展。在此，采用 MOF 辅助的空间限制和离子取代策略合成了铆接氮掺杂多孔碳的 Ru 单原子（Ru SAs-NC）作为电催化材料。利用优化后的 $Ru_{0.3}$ SAs-NC 作为吸氧电极的电催化剂，所开发的 LOB 在 0.02mA/cm² 下的过电位最低，仅为 0.55V。此外，原位 DEMS 结果表明，LOB 在整个循环过程中的 $e/O_2$ 比值仅为 2.14，表明 $Ru_{0.3}$ SAs-NC 在 LOB 应用中具有优越的电催化性能。理论计算表明，$Ru-N_4$ 作为驱动力中心，这种构型的数量能够显著影响中间物种的内部亲和力。催化剂表面 ORR 的决速步骤是发生 2e 反应生成 $Li_2O_2$，而 OER 途径的决速步骤是 $Li_2O_2$ 的氧化[31-34]。该工作作为 LOB 设计原子利用效率最大的单位点高效催化剂拓宽了视野。

同时，该实验还采用原位 DEMS 对 LOB 的气体消耗进行监测，从而确定放电过程中的可逆性，进一步推断反应机理（图 5-37 和图 5-38）。对于 $Ru_{0.3}$ SAs-NC 阴极，得到的氧还原值分别为 2.14 $e/O_2$ 和 2.30 $e/O_2$（图 5-39），与预期的 $O_2$ 还原为 $Li_2O_2$ 的理论值 2.00 $e/O_2$ 接近，低于 $Ru_{0.1}$ SAs-NC（2.40 $e/O_2$）、Ru NPs-NC（2.45 $e/O_2$）和热解 ZIF-8（3.24 $e/O_2$）的理论值。

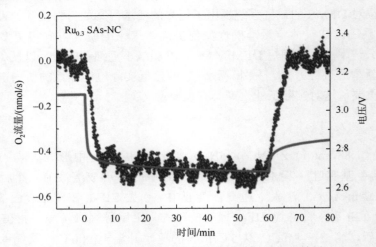

图 5-37　$Ru_{0.3}$ SAs-NC 放电过程的原位 DEMS 结果

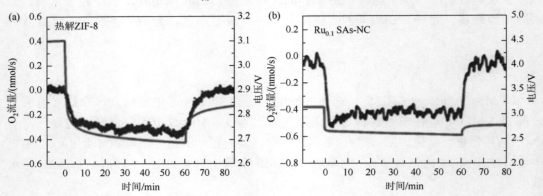

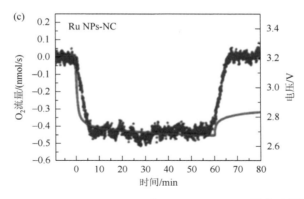

图 5-38　热解 ZIF-8（a）、$Ru_{0.1}$ SAs-NC（b）和 Ru NPs-NC（c）放电过程的原位 DEMS 结果

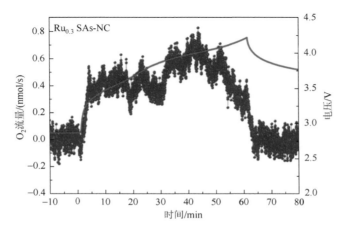

图 5-39　$Ru_{0.3}$ SAs-NC 充电过程的原位 DEMS 结果

　　原位 DEMS 测得氧还原值为 2.14 $e/O_2$，表明 $Ru_{0.3}$ SAs-NC 电极对 LOB 的可逆性最好。关键是通过控制实验和密度泛函理论（DFT）计算，确认了单分散高负荷 Ru 位的关键作用。该实验的发现不仅为 LOB 开发了一种优越的电催化剂，而且为在原子尺度上合理设计和精确调制高活性的催化剂提供了一些指导。

# 参 考 文 献

[1]　Dempster A J. A new method of positive ray analysis[J]. Physical Review, 1918, 11(4): 316-325.

[2]　Davis B, Purks H. Fine structure in the Compton effect[J]. Physical Review, 1929, 34(1): 1-6.

[3]　Munson M S B, Field F H. Chemical ionization mass spectrometry. Ⅰ. General introduction[J]. Journal of the American Chemical Society, 1966, 88(12): 2621-2630.

[4]　Herzog R F K, Viehböck F P. Ion source for mass spectrography[J]. Physical Review Journals Archive, 1949, 76(6): 855-856.

[5]　Beckey H D. Field desorption mass spectrometry: a technique for the study of thermally unstable substances of low volatility[J]. International Journal of Mass Spectrometry and Ion Physics, 1969, 2(6): 500-502.

[6]　Torgerson D F, Skowronski R P, MacFarlane R D. New approach to the mass spectroscopy of non-volatile compounds[J]. Biochemical Biophysical Research Communications, 1974, 60(2): 616-621.

[7]　Morris H R, Panico M, Barber M, et al. Fast atom bombardment: a new mass spectrometric method for peptide sequence

analysis[J]. Biochemical Biophysical Research Communications, 1981, 101(2): 623-631.

[8]　Tanaka K, Waki H, Ido Y, et al. Protein and polymer analyses up to *m/z* 100000 by laser ionization time-of-flight mass spectrometry[J]. Rapid Communications in Mass Spectrometry, 1988, 2(8): 151-153.

[9]　Karas M, Hillenkamp F. Laser desorption ionization of proteins with molecular masses exceeding 10000 daltons[J]. Analytical Chemistry, 1988, 60(20): 2299-2301.

[10]　Dole M, Mack L L, Hines R L, et al. Molecular beams of macroions[J]. The Journal of Chemical Physics, 1968, 49(5): 2240-2249.

[11]　Carroll D I, Dzidic I, Stillwell R N, et al. Atmospheric pressure ionization mass spectrometry. Corona discharge ion source for use in a liquid chromatograph-mass spectrometer-computer analytical system[J]. Analytical Chemistry, 1975, 47(14): 2369-2373.

[12]　Fenn J B, Mann M, Meng C K, et al. Electrospray ionization for mass spectrometry of large biomolecules[J]. Science, 1989, 246(4926): 64-71.

[13]　Robb D B, Covey T R, Bruins A P. Atmospheric pressure photoionization: an ionization method for liquid chromatography-mass spectrometry[J]. Analytical Chemistry, 2000, 72(15): 3653-3659.

[14]　Takáts Z, Wiseman J M, Gologan B, et al. Mass spectrometry sampling under ambient conditions with desorption electrospray ionization[J]. Science, 2004, 306(5695): 471-473.

[15]　Cody R B, Laramée J A, Durst H D. Versatile new ion source for the analysis of materials in open air under ambient conditions[J]. Analytical Chemistry, 2005, 77(8): 2297-2302.

[16]　Badu-Tawiah A K, Eberlin L S, Ouyang Z, et al. Chemical aspects of the extractive methods of ambient ionization mass spectrometry[J]. Annual Review of Physical Chemistry, 2013, 64: 481-505.

[17]　Saha M N. LIII. Ionization in the solar chromosphere[J]. The London, Edinburgh, and Dublin Philosophical Magazine and Journal of Science, 1920, 40(238): 472-488.

[18]　Dempster A J. New ion sources for mass spectroscopy[J]. Nature, 1935, 135: 542.

[19]　Houk R S, Fassel V A, Flesch G D, et al. Inductively coupled argon plasma as an ion source for mass spectrometric determination of trace elements[J]. Analytical Chemistry, 1980, 52(14): 2283-2289.

[20]　Nier A O. A mass spectrometer for isotope and gas analysis[J]. Review of Scientific Instruments, 1947, 18(6): 398-411.

[21]　Mark T D. Fundamental aspects of electron impact ionization[J]. International Journal of Mass Spectrometry and Ion Physics, 1982, 45: 125-145.

[22]　Görlin M, Ferreira de Araújo J F, Schmies H, et al. Tracking catalyst redox states and reaction dynamics in Ni-Fe oxyhydroxide oxygen evolution reaction electrocatalysts: the role of catalyst support and electrolyte pH[J]. Journal of American Chemical Society, 2017, 139(5): 2070-2082.

[23]　Jusys Z, Kaiser J, Behm R J. A novel dual thin-layer flow cell double-disk electrode design for kinetic studies on supported catalysts under controlled mass-transport conditions[J]. Electrochimica Acta, 2004, 49(8) 1297-1305.

[24]　Oh H S, Nong H N, Reier T, et al. Electrochemical catalyst-support effects and their stabilizing role for IrO$_x$ nanoparticle catalysts during the oxygen evolution reaction[J]. Journal of American Chemical Society, 2016, 138(38): 12552-12563.

[25]　Görlin M, Chernev P, Ferreira de Araújo J F, et al. Oxygen evolution reaction dynamics, Faradaic charge efficiency, and the active metal redox states of Ni-Fe oxide water splitting electrocatalysts[J]. Journal of American Chemical Society, 2016, 138(17): 5603-5614.

[26]　Görlin M, Gliech M, de Araújo J F, et al. Dynamical changes of a Ni-Fe oxide water splitting catalyst investigated at different pH[J]. Catalysis Today, 2016, 262: 65-73.

[27]　Armstrong A R, Holzapfel M, Novák P, et al. Demonstrating oxygen loss and associated structural reorganization in the lithium battery cathode Li[Ni$_{0.2}$Li$_{0.2}$Mn$_{0.6}$]O$_2$[J]. Journal of American Chemical Society, 2006, 128(26): 8694-8698.

[28]　Yu Y, Karayaylali P, Nowak S H, et al. Revealing electronic signatures of lattice oxygen redox in lithium ruthenates and implications for high-energy Li-ion battery material designs[J]. Chemistry of Materials, 2019, 31(19): 7864-7876.

[29]　Peng Z, Freunberger S A, Chen Y, et al. A reversible and higher-rate Li-O$_2$ battery[J]. Science, 2012, 337(6094): 563-566.

[30]　Zhou B, Guo L M, Zhang Y T, et al. A high-performance Li-O$_2$ battery with a strongly solvating hexamethylphosphoramide electrolyte and a LiPON-protected lithium anode[J]. Advanced Materials, 2017, 29(30): 1701568.

[31]　Wu K, Yang J, Liu Y, et al. Investigation on gas generation of Li$_4$Ti$_5$O$_{12}$/LiNi$_{1/3}$Co$_{1/3}$Mn$_{1/3}$O$_2$ cells at elevated temperature[J]. Journal of Power Sources, 2013, 237: 285-290.

[32]　He M L, Castel E, Laumann A, et al. *In situ* gas analysis of Li$_4$Ti$_5$O$_{12}$ based electrodes at elevated temperatures[J]. Journal of the Electrochemical Society, 2015, 162(6): A870-A876.

[33]　Berkes B B, Schiele A, Sommer H, et al. On the gassing behavior of lithium-ion batteries with NCM523 cathodes[J]. Journal of Solid State Electrochemistry, 2016, 20(11): 2961-2967.

[34]　Metzger M, Strehle B, Solchenbach S, et al. Origin of H$_2$ evolution in LIBs: H$_2$O reduction *vs.* electrolyte oxidation[J]. Journal of the Electrochemical Society, 2016, 163(5): A798-A809.

# 第6章　原位电子自旋共振技术及其在电化学中的应用

## 6.1　电子自旋共振基本原理

电子自旋共振（electron spin resonance，ESR）也称为电子顺磁共振（electron paramagnetic resonance，EPR），属于磁共振，与核磁共振（nuclear magnetic resonance，NMR）非常相似。但 ESR 技术不测量样品中的核跃迁，而是检测未成对电子在外加磁场中的跃迁。因为电子和质子一样会有"自旋"，所以拥有"磁矩"这种磁属性，即当含有未成对电子（或未配对电子）的物质置于静磁场中时，如果对样品施加一定频率的电磁波信号，会观测到物质对电磁波能量的发射或者吸收。通过对电磁波信号的变化规律进行分析，可以简析出电子及其周围环境的特性，从而可以进行物质结构的分析及其他应用。

电子是具有一定质量和带负电荷的一种基本粒子，能进行两种运动：一种是在围绕原子核的轨道上运动；另一种是对通过其中心的轴所做的自旋。由于电子的运动产生力矩，在运动中产生电流和磁矩。在外加恒磁场 $H$ 中，电子磁矩的作用如同细小的磁棒或磁针，由于电子的自旋量子数为 1/2，电子在外加磁场中只有两种取向：一种是与 $H$ 平行，对应于低能级，能量为 $-1/2g\beta H$；另一种是与 $H$ 逆平行，对应于高能级，能量为 $+1/2g\beta H$，两能级之间的能量差为 $g\beta H$。若在垂直于 $H$ 的方向加上频率为 $\nu$ 的电磁波，当恰能满足 $h\nu = g\beta H$ 这一条件时，低能级的电子即吸收电磁波能量而跃迁到高能级，此即电子顺磁共振。其中，$h$ 为普朗克常数，$g$ 为波谱分裂因子（简称 $g$ 因子或 $g$ 值），$\beta$ 为电子磁矩的自然单位，称为玻尔磁子。

### 6.1.1　电子自旋共振技术

当施加外部磁场时，顺磁性电子会按照与磁场平行或反平行的方向排布。这会使未成对电子产生两种能量不同的能级，而当电子被分为两个能级时，便可以对其进行测量。如果磁场和微波频率"完全匹配"，则可产生 EPR（或吸收），因此 EPR 能够提供原位和无损的电子自旋、轨道和原子核等微观尺度的信息，是目前唯一能直接探测未成对电子的技术。含有未成对电子的物质分布广泛，这些材料内部存在自由基、多种过渡金属离子和缺陷，如孤立单原子、金属单质、导体、磁性分子、过渡金属离子、稀土离子、离子团簇、配合物、掺杂材料、缺陷材料、金属蛋白/酶、辐照样品等。许多物质本身不含未成对电子，在受到光激发后会产生未成对电子，广泛应用于光化学、光生物学、光物理学等领域。

自由电子的寿命通常很短，但它们在许多过程中仍然发挥着至关重要的作用，如光合作用、氧化作用、催化作用、聚合反应等。因此，EPR 是一种跨越多个学科的技术，包括化学、物理学、生物学、材料科学、医学等。

## 6.1.2　EPR 波谱仪和测量参数的选择

EPR 波谱仪常用的微波频率如表 6-1 所示，其中尤以 X 波带最为常用[1]。

表 6-1　EPR 波谱仪常用的微波频率

| 波带 | 频率 $\nu$ /GHz | 波长 $\lambda$/cm | 相应的共振磁场 $H$/T |
|---|---|---|---|
| X | 9.5 | 3.16 | 0.3390 |
| K | 24 | 1.25 | 0.8560 |
| Q | 35 | 0.86 | 1.2490 |

EPR 已发展成为一种功能强大、用途广泛，无损且无干扰的物质分析方法。与许多其他技术不同，EPR 可以从正在进行的化学或物理过程中产生有意义的结构和动态信息，而不会影响过程本身。因此，它是广泛研究物质应用领域中其他方法的理想补充技术。但是，在很多领域应用中都会遇到如何调试 EPR 波谱仪来得到满意的波谱的问题。一个满意的波谱，能够很清晰地告诉测试者被测物质的相关信息，因此如何选择 EPR 波谱仪的参数非常重要。

### 1. 微波功率

微波功率在 EPR 调试过程中是一个很重要的参数。微波功率过小时信号较小，增大后信号较明显。如果选更大些时，会出现饱和现象或使谱线发生畸变，甚至可能看不到信号。EPR 信号强度在功率较小时，随微波功率成比例增加；当功率较大时，随其增加但不成正比增加，因此如果微波功率进一步增大，其信号强度将会出现饱和甚至可能畸变或捕捉不到信号。这些变化都与样品的性质有关。一般情况下，不同的自由基和未配对电子具有不同的饱和信号。饱和就是当微波功率非常大时，弛豫过程不能使足够的自旋回到基态，以维持平衡集居数分布的状态。出现饱和之后，电子在不同能级间的分布差减小，其 EPR 信号强度随功率增加而减小。从测量自由基信号强度考虑，这是不利的。但在某些情况下，可以用饱和信号来区别不同的 EPR 信号。例如，半醌自由基和多环芳烃自由基，它们的 EPR 波谱很相似，$g$ 因子也很接近，但是饱和功率有很大差别。半醌自由基的饱和功率为 2mW 左右，多环芳烃自由基的饱和功率在 100mW 以上。所以，饱和功率调试是非常重要的，而且能反映样品的某些性质。但是满意的微波功率选择是在饱和功率以下，此时谱线是正常的，也便于研究分析谱线信息。

### 2. 扫场宽度

检测未知样品时，先要进行比较宽的扫场，防止漏掉 EPR 信号。发现 EPR 信号后再选取合适的 EPR 信号，进行小范围扫场，使得所要研究的 EPR 信号处在适当的位置。扫场宽度缩小后谱线信号不仅更加突出，而且也被拉开了。当然扫场宽度也不能太小，太小就无法读取谱线的有效信息。因此调试适当的扫场宽度，EPR 波谱就能被拉开合适的宽度，也就便于减小所测谱线线宽和 $g$ 因子的误差。

### 3. 扫场时间

不同扫场时间谱线的线型和强度是有差异的。扫场时间在一定程度上会影响谱线的分裂，特别是谱线具有超精细分裂时，扫场时间要慢，否则会得不到满意的谱线，甚至谱线会发生畸变。一般情况，不同样品有不同扫场时间设置，在实际操作过程中，要结合扫场宽度和时间常数来设置恰当的扫场时间。

### 4. 调制幅度

调制幅度不同，谱线信号是不同的，而且随调制幅度增大，信号强度也在变大。当调制幅度进一步增大时，其谱线可能开始出现强度下降，线宽增大，波形也开始出现畸变。在研究调制幅度对谱线影响时，发现合适的调制频率对信噪比和分辨率有一定的优化作用。通常情况下调制频率是不做调节的，因而在此不做深入讨论。一般情况下为了保证谱线信号较突出、不畸变，取调制幅度约为线宽的三分之一为宜。

### 5. 时间常数

时间常数对平均噪声和提高信噪比有重要作用。时间常数越小信噪比越差，但是波形比较好；时间常数增大到一定值，信噪比越好，但是波形就会失真。通常情况下，如果时间常数取得比较大，其扫场速度就要慢些，时间常数要设定成与扫场速度的乘积远小于 1。

## 6.1.3　EPR 测量自由基的实验技术

如果能由实验得到较为理想的 EPR 谱图，那就能通过对谱线作波谱分析后获得不少有关顺磁物质的结构信息。为此，需要正确地处理和制备样品，并恰当地选择仪器的工作参数，才能得到准确反映样品特征的 EPR 谱图。

### 1. 样品制备

用于 EPR 检测的样品可以是气体、液体或固体，但是后两类比较常见。

1）气体样品

由于气体样品的自旋浓度较低，一般都需要较粗的样品管。在 X 波段可用直径为 10mm 的石英管，将气体样品封在管内，或用连续流动的方式通过谐振腔。同时，也可以用逆磁性的载体吸附被测气体样品的方法进行 EPR 分析。

2）液体样品

液体样品主要是指原为固态或液态的顺磁性物质溶于溶剂而形成的溶液试样。对于这类样品，要注意所用溶剂的性质和溶液的浓度。

关于溶剂问题，一方面要注意被测物质与溶剂不发生化学反应，不能因为溶剂的介入而改变了原样品的顺磁特性。另一方面，要注意溶剂介电常数的大小。如果可能，则应尽量避免使用水等极性化合物作溶剂。因为这类物质的介电常数大，微波损耗大，将会大大影响谐振腔集聚微波功率的效果，有时甚至会使检测无法进行。在不得不使用水等介电常数较大的溶剂时，要采用小直径的样品管，如果水作溶剂，必须使用内径小于 1mm 的毛细管或扁平样品池。

另外，只有将溶液的浓度控制在一定范围内，才能取得具有清晰的超精细结构的 EPR 谱图。如果溶液浓度太低，则信号太小或无法测得 EPR 信号。

3）固体样品

被检测的大多数固体样品是多晶或固体粉末状。为了获得更多的结构信息，可用逆磁性材料稀释顺磁固体产品。具体是用机械研磨的方法使两者充分混合，但往往难以达到分子水平的均匀性；也可以选用使两者都能溶解的液体溶剂，溶解后充分混合均匀，然后除去溶剂，这样制备的样品是相当均匀的。但在用上述制样方法时，要避免样品性质发生改变。

## 2. 样品管

EPR 中使用的样品管的材料和尺寸，必须根据被测样品的性质和检测项目要求进行选择：样品管不能含有顺磁性杂质或存在杂质信号影响样品信号的测定，样品管的微波损耗要小，尽量减少对谐振腔集聚微波功率的影响。

## 3. 自由基的浓度

自由基的浓度是研究自由基经常要测量的一个重要物理量，通常用每克、每毫克、每毫升样品中所含自旋数或分子自由基来表示，它正比于该样品 EPR 信号吸收峰的面积，微分信号需要积分两次才能得到。影响 EPR 信号强度的因素很多，如自由基的浓度、温度、谐振腔的填充因子、仪器的增益、调制和微波功率等。要做自由基浓度的绝对测量比较困难，一般采用比较法做相对浓度测量。将已知和未知浓度样品 EPR 信号的积分同时求出来进行比较，就可以计算出未知样品自由基的浓度。

## 4. 信号累加和平均

在做生物样品实验时，自由基的浓度一般都很低，EPR 信号很弱，噪声很大，得不到满意的效果，甚至无法进行分析。如何提高 EPR 信号的信噪比是一个大问题。现在多数 EPR 波谱仪都带有计算机，可以对自由基信号进行累加或平均，即重复扫场，将每次扫描的结果累加或平均。因为信号是重复出现的，而噪声是无规律的，在同步合适时，信号就相干地增加，而噪声则非相干地增加。

## 5. 低温技术

很多生物样品在常温下观察不到 EPR 信号，需要低温技术。低温可以提高 EPR 检测灵敏度的原因有：第一，消除了水对微波的吸收；第二，延长了过渡金属离子的弛豫时间，减小了线宽；第三，快速冷冻可使常温反应产生的自由基立即停止在低温，维持了自由基的浓度；第四，低温增大了自旋能级之间电子的分布数。

### 6. 自旋捕获技术

自旋捕获技术是为了检测和辨认短寿命自由基，将一种不饱和的抗磁性物质加入要研究的反应体系，生成寿命较长的自旋加合物，用 EPR 检测。

现在已经合成了上百种自旋捕获剂，最常用的有 TNB（nitroso-tert-butane）、DMPO［5,5-二甲基-1-吡咯啉 N-氧化物（5,5-dimethyl-1-pyrroline-1-oxide）］、PBN（phenyl-tert-butylnitrone），它们和自由基反应都可以生成氮氧自由基，所得 EPR 波谱的一级分裂都是氮原子引起的三重分裂，这一点和自旋标记得到的 EPR 波谱很类似。但是，自旋加合物的波谱常常分裂为二级、三级较复杂的谱图，由二级、三级分裂峰值的数目和强度可以推导出捕捉到的自由基的结构和性质。

## 6.2　自旋标记技术

### 6.2.1　自旋标记概念

很多物质的分子不表现 EPR 特性，但对于这些分子，人工地使其与自由基结合从而得以用 EPR 法来研究，获得独特的 EPR 信息，这就是自旋标记技术。因自由基有不成对电子自旋，所以称为自旋标记。

自从研究者发展了位点特异性自旋标记电子顺磁共振（site-directed spin labeling electron paramagnetic resonance，SDSL-EPR）技术以来，这项技术逐渐成为研究蛋白质等生物大分子及大分子复合物的结构信息和动力学特征的有力工具。它能在更接近蛋白质分子生理状态的溶液状态下探测蛋白质分子上特定位点残基的信息，包括：由于蛋白质整体翻转、自旋标记侧链运动及蛋白质骨架波动而产生的动力学信息，自旋标记位点对于顺磁弛豫试剂的易趋性信息，以及引入的两个自旋标记物之间的距离信息。在这种方法中，通常是通过位点特异性突变的方法在蛋白质上的特定位点引入半胱氨酸替换原本的氨基酸，然后通过共价键引入巯基特异性的自旋标记物，从而将未成对电子引入到要研究的蛋白质上，使其能够产生信号，进而进行后续的实验和分析。由于电子具有的高旋磁比，该技术的灵敏度非常高，并且对所研究的大分子或者大分子复合物的大小几乎没有限制，使得技术的适用范围非常广泛，研究体系包括水溶性蛋白质及膜蛋白等。该技术除了能直接地探测某个特定残基位点的微环境信息外，还能提供蛋白质构象变化的动态信息。在蛋白质与其他蛋白质、底物等发生相互作用从而发挥功能的过程中，往往伴随着整体或者局部构象的变化，该技术能够在接近生理条件的常温溶液条件下实时地检测这些变化，为更好地理解蛋白质发挥生理功能的机理提供信息。凭借这些特点，SDSL-EPR 技术在蛋白质等生物大分子的构象和功能的研究中发挥着越来越重要的作用，尤其近年来在膜蛋白研究领域得到越来越广泛的应用，成为蛋白质等生物大分子研究中最重要的方法之一。

## 6.2.2　位点特异性自旋标记技术

大多数的蛋白质，除了金属蛋白外，其结构中都不含未成对电子，因而从本质上讲是不产生 EPR 信号的，若要用 EPR 技术来研究蛋白质，就需要人为地引入外源的顺磁信号探针。位点特异性自旋标记技术就是在蛋白质上的特定位点引入自旋标记探针从而使蛋白质能够产生信号的一项技术。其最大的特点是位点的特异性，并且对蛋白质原始的结构和功能干扰很小，因此在蛋白质的研究中具有至关重要的地位。

一个好的顺磁信号探针需要满足两个条件：一是对其所在位置的环境变化非常敏感；二是顺磁探针能够被一定的定位基团精确地控制着引入到所要研究的特定位置。在蛋白质的研究中，这样的含有稳定的未成对电子的顺磁信号探针被称为自旋标记物或自旋标记探针。其中，硝基氧派生物是应用最为广泛的一类自旋标记物，硝基氧类自旋标记物的共同点是在氮原子的轨道上存在着一个未成对电子。由于未成对电子邻近键上的甲基起着保护作用，这类硝基氧类自旋标记物具有很好的对较高温度（80℃）和对 pH（3～10）的稳定性。同时，为了在一定程度上限制硝基氧部分（也就是未成对电子所在的位置）的柔性，通常会将硝基氧部分整合到一个六元的哌啶环或者五元的吡咯环。例如，马来酰亚胺和硫代磺酸甲酯，这类基团可以通过形成二硫键将自旋标记物连接到蛋白质上的半胱氨酸残基；而羟基琥珀酰亚胺则可以将自旋标记物连接到赖氨酸残基上。在蛋白质的研究中，目前最常用的硫醇特异性自旋标记物是 MTSL（1-oxyl-2,2,5,5-tetramethyl-Δ3-pyrroline-methyl methanethiosulfonate）。此自旋标记物含有一个未成对电子，主要分布在氮原子 $^{14}$N 的 2p 轨道上，在其吡咯环上拥有四个甲基基团，能够很好地保护未成对电子。它是一种巯基特异性的自旋标记物，能够和蛋白质中含有巯基基团的氨基酸侧链形成二硫键，从而将未成对电子稳定地引入到蛋白质中，标记后的蛋白质能够进行后续实验，如图 6-1 所示。

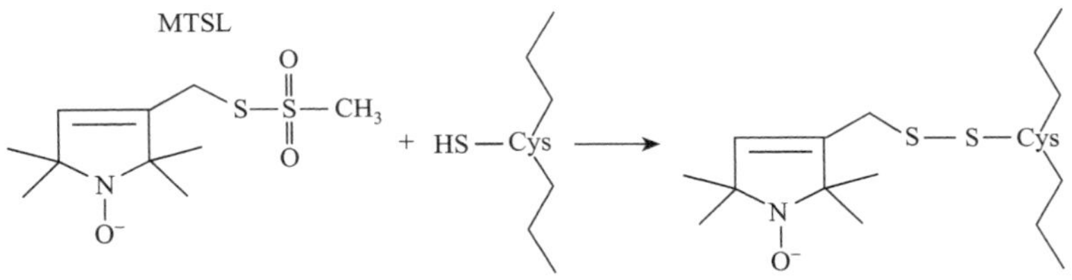

图 6-1　自旋标记物及其标记原理[2]

但是，由于在野生型的蛋白质中，半胱氨酸（或赖氨酸）存在与否和半胱氨酸的数量是不确定的，因此不能保证成功并且准确地将自旋标记物引入到蛋白质的特定位点，使得 EPR 技术在蛋白质研究中的应用受到了很大的限制。

## 6.2.3　SDSL-EPR 在蛋白质研究中的应用

在 20 世纪 80 年代后期，分子生物学的发展，尤其是位点特异性突变技术的诞生，使这种限制有了突破的可能。在这种背景下，发展了位点特异性自旋标记技术，这种技术是指通过位点特异性突变的方法将蛋白质的特定位点突变成半胱氨酸，然后通过共价键连接的方式，在此特定位点上引入顺磁性的自旋标记物（如 MTSL）。由于巯基的特异性，要使 MTSL 特异性地标记到蛋白质的特定位点上，此特定位点必须是半胱氨酸残基，并且是蛋白质中唯一的半胱氨酸残基。因此，在进行位点特异性自旋标记实验之前，蛋白质序列中所有原有的半胱氨酸需要通过定点突变的方法（如借助重叠延伸聚合酶链式反应）替换成其他氨基酸（通常是丝氨酸），以免原有的半胱氨酸也被自旋标记物标记而对信号造成干扰。对于被证明形成了稳定的二硫键的半胱氨酸，由于其巯基已经被占用，也可以不进行替换。在去掉蛋白质序列中原有的并能够与自旋标记物发生连接的半胱氨酸之后，再次借助定点突变的方法，在所要研究的位点引入半胱氨酸。这种改造后的含半胱氨酸突变的蛋白质序列通过原核或真核表达后，得到突变后的蛋白质，并进行纯化。需要强调的是，在进行后续的自旋标记实验之前，必须进行功能性实验（如对于酶类蛋白质），需要检测其突变后的活性，以保证引入半胱氨酸突变后对蛋白质的功能没有影响或者只有轻微的影响。事实上，由于位点特异性自旋标记技术引入的自旋标记物很小，对蛋白质整体结构和功能一般只有非常轻微的干扰，多项对不同蛋白质进行的位点特异性自旋标记的研究也证实了这一点[3]。

成功地在蛋白质特定位点引入半胱氨酸之后，巯基特异性结合的自旋标记物便可以通过共价键的形成而标记到半胱氨酸侧链上。标记过程中，通常在蛋白质溶液中加入过量的 MTSL，通过与半胱氨酸的巯基形成二硫键，MTSL 可以被特异性地引入到蛋白质中的半胱氨酸残基上，标记后由自旋标记物形成的侧链通常简称为 R1。具有对巯基的高针对性和反应活性，对于蛋白质上的一些暴露在表面的位点，标记过程在几分钟内就可以完成，而对于一些位于蛋白质内核部位的位点，标记的过程则需要适当延长以保证高的标记效率。标记完成后，额外的未参与反应的 MTSL 则通过多次透析或者亲和（或脱盐）柱层析的方式来除掉。这一步是非常必要的，因为溶液中"自由"的自旋标记物会产生非常尖锐的谱图信号，即使非常微小的量也会对最终的谱图产生很大干扰，因此在进行后续的谱图采集之前，所有的未反应的 MTSL 必须彻底去除。此时，就能够得到在特定位置引入了自旋标记物的蛋白质样品，可以直接用于后续的 EPR 检测分析。EPR 波谱仪只能检测未成对电子的信号，因此，溶液中的其他成分，如磷脂、去污剂、缓冲液成分、配体或者其他蛋白质（无半胱氨酸），都不会产生信号。

# 6.3 自旋捕获剂

## 6.3.1 基本原理

对原本短寿命的、无法用常规的非时间分辨 EPR 信号检测的自由基进行捕获，得到可以检测的寿命较长的自旋加合物，这些自旋加合物具有特定的 EPR 信号，由此可以推断生成的不稳定的短寿命的自由基是什么。

### 6.3.2　自由基的捕获

EPR 仪器是一种波谱学仪器，是检测未成对电子的一种波谱学方法，自由基就是带有未成对电子的体系。但是仪器都有其特定的检测限，样品量和检测时间是影响检测限的关键因素。

（1）样品量：不同型号的仪器有不同的最低检测限，布鲁克（Bruker）的通常在 $10^9$ 量级，基本上可达纳摩尔量级，但是这个量级是样品中同一时刻（即检测时刻）的未成对电子量。

（2）检测时间：对于扫场实验，一般是在分钟量级，即样品中的未成对电子的寿命要在分钟量级。但很多氧化性很强的自由基，如羟基自由基、超氧自由基等，化学性质都非常活泼，所以同一时刻的寿命会非常短，分钟量级的时间检测限根本测不到它们的信号。为了实现检测，人们找到了一种自旋捕获剂的化学分子，它们会与这些寿命短的自由基结合，生成一种寿命较长的自旋加合物（spin adduct），加合物的寿命通常在 10min 到 2h 不等。

### 6.3.3　自由基的检测在电化学中的应用

结合电化学分析和 EPR 信号来研究电沉积铂纳米颗粒上氧还原过程中产生的可溶性自由基中间体的方法，提出并验证了一种使用非原位 EPR 辅以电化学分析来检测、识别和半量化产生的自由基的程序。将电化学反应过程中消耗的电荷与观察到的 EPR 信号的强度联系起来，能更好地量化反应中产生的自由基。能够通过鉴定可溶性中间体来研究氧还原的机理，并且该方法可以扩展到其他电化学过程。通过这种方法，有助于阐明多孔铂纳米颗粒的氧还原机理，可以更好地了解液态电解质中的氧还原在燃料电池中的作用。

实验材料和方法：电化学实验在标准的三电极装置中在由浓 $HClO_4$ 和超纯水制备的 0.1mol/L $HClO_4$ 电解质中进行。在每次计时电流法实验开始时，将 DMPO 作为自旋捕集剂添加到电解液中。对于氧还原测量，在计时电流法实验之前和期间，通过将纯氧鼓泡到溶液中，使电解质用氧饱和。对于脱氧计时电流法实验，在电解之前和电解期间用 $N_2$ 而不是 $O_2$ 吹扫电解液。所有计时电流法实验均在接近氧还原起始电位 [0.5V(*vs.* Ag/AgCl)] 下进行。这项工作旨在作为 EPR 和电化学数据之间定量相关性的概念验证，通过双脉冲电沉积工艺将多孔铂纳米颗粒沉积在玻碳电极表面[4]。

## 6.4　原位电子自旋共振在电化学中的应用

阐明"结构-催化"活性关系，即了解催化剂的活性和选择性，取决于其结构和电子的特性，这是催化研究的一个关键目标。这种活性关系为优化催化过程，以及改进已知催化剂和开发新催化剂提供了理论基础。确定它们之间的关系需要阐明反应机理的细节，如基本步骤的顺序、反应中间体的结构和活性位点等的性质。由于活性位点的结构可能会随着反应环境的变化而变化,并且在催化反应猝灭时短寿命的中间体可能不稳定,因此需要在催化剂催化的过程中进行上述研究。EPR信号特别适用于分析物质的顺磁性的结构和电子特性。

氧化物催化剂中的过渡金属离子用其他测试方法无法轻易检测。因此,可以同时监测过渡金属离子的结构和电子特性(如过渡金属离子簇与反应物分子的相互作用)。结合恰当的模拟算法,EPR信号可以同时阐明催化剂中存在的过渡金属离子类型、它们的配位和价态,以及彼此之间和与反应物分子的电子之间的相互作用。此外,EPR还是一种独特的技术用于分析由碳氢化合物反应物或氧气形成的自由基中间体,以及检测固体基质中的顺磁缺陷,这些缺陷经常在催化过程中发挥作用。

但EPR在催化剂表征工作方面的应用仍然有限:一方面,该技术的通用性仍被低估,通常有用的信息只能从非相互作用的孤立顺磁性物质中获得(这种情况在真正的过渡金属氧化物催化剂中很难实现),而这些材料中经常存在的顺磁性本体相不太适合EPR检测。另一方面,高温下的EPR确实仅限于检测具有足够长弛豫时间的顺磁性物质,并且不能表征抗磁性物质(如高价的过渡金属离子 $V^{5+}$、$Cr^{6+}$ 和 $Mo^{6+}$ 等)在催化循环中发挥重要作用。通过将EPR与对高价过渡金属离子特别敏感的技术相结合,可以成功规避这一限制[5]。

实际上,EPR监测催化反应的实验装置大多数是为多相催化反应和X波段(微波频率为9.5GHz)的研究而设计的,因为X波段腔的内部空间足够大以容纳合适的反应池。研究的反应系统主要涉及气体在固体催化剂存在下的反应。设备的复杂程度由反应条件(如温度、压力、反应气体混合物的组成)控制。在简单的情况下,当多相催化反应在室温或较低温度下进行时,使用直径为3~4mm的常规EPR管,该管可以连接到真空和气体计量系统,并在必要时可放置进入温度控制单元。例如,在EPR信号研究光催化反应中,光源的光束通过矩形腔部位的孔聚焦到样品上。但在反应条件复杂的催化反应过程中,为了实现原位条件,EPR信号测试必须将可加热流动反应器直接放入仪器的腔体中。

## 1. 用于原位EPR电化学测试的腔体设计

原位EPR池设计的困难在于同时检测EPR信号和进行电化学测试,因此原位电池腔体的设计是成功进行原位EPR测量的关键。众所周知,所有电解质溶液的溶剂都是高偶极矩的,因此,往往会吸收微波辐射,导致谐振腔的质量因子($Q$ 因子)严重下降。$Q$ 因子的下降会导致EPR检测灵敏度的下降,甚至可能导致测量的失败。可以将原位池做成特殊的形状,并将其放置在谐振腔的特定位置来避免由电化学系统引起的EPR腔的介电损耗。

EPR中微波辐射的有效成分是磁场而不是电场。微波辐射的这两个分量以不同的方式分布在谐振腔中。在圆柱形腔体中,微波辐射沿轴向表现出最大磁辐射和最小电辐射。由于介电损耗是由微波辐射的电分量与样品中的偶极子相互作用引起的,而EPR是基于磁场与样品相互作用的,因此最合适的原位EPR池是扁平薄层状,溶液厚度为十分之几毫米,表观面积约为 $1cm^2$。扁平池通常比毛细管池具有更大的表观电极表面,因此会提供更大的EPR信号,但制造起来更困难。扁平池的内部体积非常小。在如此有限的体积中,很难布置电极以满足电化学和EPR测量的要求。对于电化学测量,需要在工作电极的整个区域上精确控制电位（或电流）。因此，三个电极（工作电极、对电极和参比电极）应在电池中适当分布。通常，工作电极与对电极平行，参比电极靠近工作电极。但在小体积的扁平池中，很难完全满足这些要求。此外，电解液中沿扁平池的宽度和长度的欧姆降通常会导致工作电极上电位分布明显不均匀。另外，应避免对电极（对电极本身和对电极反应产生的任何顺磁性产物）的干扰[6]。

### 2. 在电催化中的应用举例

原位 EPR 信号在循环伏安法测试手段下进行信号捕捉，研究[(dpp-bian)Re(CO)₃Br]在 DMF 和 CH₃CN 中的电化学还原。根据实验结果，配合物[(dpp-bian)Re(CO)₃Br]通过许多中间体完成还原过程，其中的两个中间过程可使用原位 EPR 信号检测到。

具体实验情况如下：使用独特的三电极螺旋原位 EPR 池（图 6-2）进行测量，该电解池带有铂辅助电极，Ag/AgNO₃ 参比电极配备碳板笔和铂丝（直径 0.5mm）用作工作电极。原位 EPR 装置包括一个带有恒电位仪和 PWR-3 编程器的模拟电化学系统、一个 ELEXSYS E500 X 波段 EPR 波谱仪、一个 E14-440 模数和数模模量接口及计算机控制 EPR 原位电解池。将电池放置在 EPR 波谱仪的谐振器中，以便监测距离工作电极小于 1mm 的溶液的 EPR 信号。通过三个冷冻-泵-解冻循环从电解池中去除氧气，并且在最后一个循环之后，向电解池充满氦气。使用 WinSim 软件（版本 0.96，美国国家环境健康科学研究所）模拟 EPR 信号。

实验在 DMF 和 CH₃CN 中进行，温度为 293K，使用 0.1mol/L Bu₄NBF₄ 作为支持电解质[7]。

### 3. 在电池研究中的应用

探测电池运行期间发生在电极上的氧化还原机理的能力对于提高电池性能至关重要。

在过去的二十年里，锂离子电池的能量密度几乎翻了一番。为了电池储能技术的继续发展，必须更好地了解用于嵌入电极的材料，以及优化电极和电解质之间的界面。为此，必须在电池系统运行时获取和监控反应过程中的基本原理信息，以此为基础来对电池系统的能量、功率、安全性和寿命等至关重要的参数进行不断优化[8, 9]。

近年来，许多原位监测技术已经被开发，用来研究电池及其他材料系统。对于锂离子电池，通过阳离子物质的插入-脱嵌氧化还原过程跟踪研究，随着富

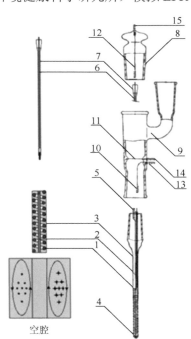

图 6-2　三电极螺旋原位 EPR 池[6]

1. 工作电极；2. 辅助电极；3. 石英玻璃密封管；4. 支架；
5. 弹簧固定辅助电极的顶部；6. 参比电极；7. 细玻璃毛细管；
8 和 9. 用于泵送空气并产生所需的气体氛围；
支架 10、11 和 12 以及工作电极、辅助电极和参比电极的端子
13、14 和 15 分别提供固定和电连接

锂层状相的发展，情况不再如此，通过结合 X 射线光电子能谱（XPS）和 EPR 测量，证明了在阴离子网络上形成的过氧/超氧类基团发生可逆氧化还原反应可以带来惊人的容量。选择钌酸盐系统是因为它的氧化还原化学简单；Ru 是唯一的氧化还原活性阳离子，但保留了富锂镍钴锰相的结构和性能，该相包含三个独立的氧化还原活性阳离子（镍离子、钴离子和锰离子）。迄今为止，EPR 是一种能够检测未配对电子或自由基的技术，在电池界中的使用非常有限。然而，这项研究表明，EPR 是表征电池循环过程中自由基氧的形成和消失的有力工具。因此，EPR 为研究新一代高容量电极材料提供了前所未有的机会，并且在一定程度上可以以类似于用显微镜观察原子的方式实现电子密度可视化，前提是可以开发 EPR 成像技术[10]。

# 参 考 文 献

[1] 郭德勇, 韩德馨. 构造煤的电子顺磁共振实验研究[J]. 中国矿业大学学报, 1999, 28(1): 94-97.

[2] Klug C S, Feix J B. Methods and applications of site-directed spin labeling EPR spectroscopy[J]. Methods in Cell Biology, 2008, 84: 617-658.

[3] Zhou Z, DeSensi S C, Stein R A, et al. Solution structure of the cytoplasmic domain of erythrocyte membrane band 3 determined by site-directed spin labeling[J]. Biochemistry, 2005, 44(46): 15115-15128.

[4] den Hartog S, Samanipour M, Vincent Ching H Y, et al. Reactive oxygen species formation at Pt nanoparticles revisited by electron paramagnetic resonance and electrochemical analysis[J]. Electrochemistry Communications, 2021, 122(4): 106878.

[5] Brückner A. Electron paramagnetic resonance: a powerful tool for monitoring working catalysts[J]. Advances in Catalysis, 2007, 38(29): 265-308.

[6] 孙世刚, 克斯狄森, 魏茨科夫斯基. 电化学吸附和电催化的原位光谱研究[M]. 北京: 科学出版社, 2008.

[7] Kholin K, Valitov M, Burilov V, et al. Spectroelectrochemistry: ESR of paramagnetic intermediates in the electron transfer series[Cr(bpy)$_3$]$_n$($n$ = 3+, 2+, 1+, 0, 1−)[J]. Electrochimica Acta, 2015, 182: 212-216.

[8] Sathiya M, Leriche J B, Salager E, et al. Electron paramagnetic resonance imaging for real-time monitoring of Li-ion batteries[J]. Nature Communications, 2015, 6: 6276.

[9] 周晓荣. 电子自旋共振和质谱在化学电源研究中的应用[D]. 武汉: 武汉大学, 2004.

[10] Abramov P A, Dmitriev A A, Kholin K V, et al. Mechanistic study of the [(dpp-bian)Re(CO)$_3$Br] electrochemical reduction using *in situ* EPR spectroscopy and computational chemistry[J]. Electrochimica Acta, 2018, 270: 526-534.

# 第7章 原位透射电子显微镜技术在电化学中的应用

## 7.1 概　述

在实际电化学过程中，电催化剂的微观结构与组织的演化一直是材料学家最关注的方向之一。通过在样品上施加各种外场作用，利用透射电子显微镜（TEM）来实时观察分析，可以直观地研究材料或器件在实际使用过程中的性能表现，这对于材料结构与性能关系的研究有着重要的实际意义。一般光学显微镜的极限分辨能力在亚微米量级，尽管 2014 年的诺贝尔化学奖给予了研制出超分辨率荧光显微镜的科学家，所得到的图像分辨率打破了 Abbe 提出的光学显微镜分辨率的极限 0.2μm，从而进入纳米世界。然而对于材料研究所需的亚纳米甚至皮米级分辨仍然不够，因此更多地应用于生物领域，而对于材料的微观分析仍需依赖于现代先进的电子显微镜。其中，透射电子显微镜能够在亚纳米尺度直接观察材料的组织形貌，与微区电子衍射、能谱、能量损失谱等分析组合，可以用来有效地辨别材料的微观结构与化学形态，是研究材料微观状态最为有力的工具。经过聚光镜或物镜球差矫正过的透射电子显微镜更是可以达到接近理论极限的亚埃尺度，可以直接地识别单个原子来判断空位或缺陷[1, 2]。

相对于日益成熟的电子显微镜极限分辨率技术而言，透射电子显微镜原位研究技术具有更大的难度和复杂性。其主要挑战在于不仅要将外加作用准确地施加在样品上，同时还要满足一系列苛刻的要求，如要维持电子显微镜内部的超高真空度，保证样品台极高的机械稳定性，且不能对成像光路形成干扰，同时整个构造必须紧凑以适用于透射电子显微镜狭小的样品室（通常在物镜极靴内）等[3]。因此，当前原位电子显微镜的核心技术主要体现在原位样品杆的研究和制作上，因为这样可以避免对电子显微镜系统本身进行改动，减少了风险，而且样品杆在同类型的电子显微镜上可以通用，具有相当大的实用性和灵活性[4]。高真空的实验环境很大程度上制约了电子显微镜在液体领域（电化学领域）的应用。然而，现代微纳加工技术的迅速发展帮助电子显微镜突破了只能观察薄的固体样品的局限，衍生出基于液体池芯片的原位透射电子显微镜技术，同时利用该技术研究液体中的电化学反应也越来越受到人们的青睐与关注。本章将对原位透射电子显微镜技术在电化学领域中的应用以及实例分析，对国内外在该方面的研究进展进行介绍（图 7-1）[5, 6]，对电化学领域未来发展方向有着一定的参考价值，对于电催化剂在结构-性能关系的研究中有着重要的实际意义。

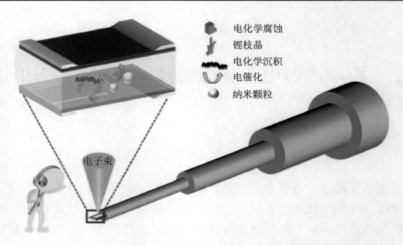

图 7-1　原位透射电子显微镜在电化学领域中的应用

## 7.2　原位透射电子显微镜在电化学中应用的发展

截至目前，研究人员主要发明了两种技术使液体既能进入到 TEM 中，又能保持足够的真空来操作电子源。一种是开放式液体池，通过差分泵使样品区域有足够高的压力而使溶液凝结，或者采用低饱和蒸气压的离子液体（IL）进行实验；另一种是封闭式液体池，将溶液封闭在电子束透明的窗口中以规避 TEM 的高真空环境[7]，这两种方法都沿用至今。

### 7.2.1　开放式液体池

开放式液体池最初源于 2010 年，Huang 等[8]构建了一个纳米微电池，该纳米微电池以 LiCoO$_2$ 为正极，SnO$_2$ 纳米管为负极，电解质溶液是 10%双三氟甲烷磺酰亚胺锂溶解在 1-正丁基-1-甲基吡咯烷二酰亚胺中［图 7-2（a）］。将 SnO$_2$ 纳米管负载到 Au 纳米棒电极上，并将 Au 纳米棒电极连接到压电操纵器上，实现外部对其电压的调控。该纳米微电池设计中需要的离子液体是一种蒸气压极低的熔融有机盐，可以在 TEM 内部的高真空环境（约 10$^{-5}$Pa）中使用，同时还能有效地溶解和输送 Li$^+$。用低蒸气压的离子液体作为电解液的纳米微电池虽然在制作上较为简单，但是液体选择比较有限，仍然没有实现纳米电池的组装。

Hansen 等[9]通过构建差分真空系统，在样品台附近允许有一定量的液体或高饱和蒸气存在［图 7-2（b）］。这种方法突破了特殊离子液体的局限，可以适用于多种液体环境。但是差分真空系统作为 TEM 的配件，仪器较为复杂，价格昂贵，维护成本较高。而且样品区域周围的压力取决于通过泵孔径的扩散，并不能模拟真实的环境压力。同时为了保持样品周围环境稳定性，对气体流量的高度控制是必不可少的，如果不能提供稳定的气体供给会导致试样漂移和图像分辨率的损失。

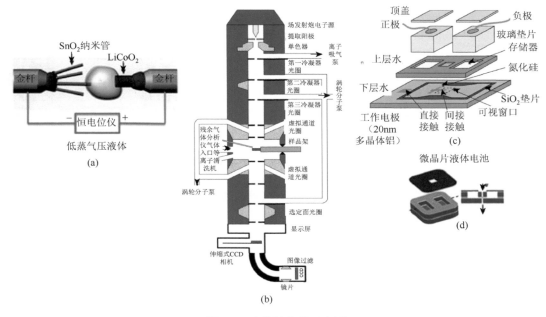

图 7-2　液体池分类示意图

（a）基于离子液体的实验装置示意图[8]；（b）基于差分泵真空系统 TEM 结构示意图[9]；
（c）电化学液体池结构示意图[10]；（d）静态液体池结构示意图[11]

## 7.2.2　封闭式液体池

近些年，得益于微纳加工技术的快速发展，科研人员设计出封闭式液体池，实现了液体环境的原位观测。在封闭式液体池中，根据窗口膜材料不同可分为氮化硅液体池和石墨烯液体池。2011 年，Ring 课题组首次采用非晶氮化硅薄膜作为电化学液体池的观察窗口，原位研究了 Cu 在 Au 电极的电化学沉积过程，开创了氮化硅作为窗口材料液体池的序幕[10]［图 7-2（c）］。氮化硅材料具有电子束高穿透性，坚固耐用，加工流程兼容现有硅基芯片加工工艺及设备，在微纳制造过程中易于加工，成本较低，且容易引进多物理场，已经成为近些年来封闭式液体池的主流。2012 年，Chen 等[11]通过在 $100\mu m$ 硅片上生长 25nm 厚的氮化硅薄膜，接着通过光刻和刻蚀形成两个注液口和一个电子束窗口的液体池，通过组装后制作成静态液体池。这种微纳加工方法制作了一种静态液体池用于研究单晶铂纳米晶体生长［图 7-2（d）］，这种结构将分辨率提升至亚纳米级别。2014 年，Liao 等[12]制备了氮化硅窗口薄膜厚度为 10nm 的液体池，实现了原子级分辨成像。此外，Jiang 等[13]为了减小液体池中液体层的厚度，首次在 TEM 模式下引入了气泡，然后迅速转变为扫描透射电子显微镜（STEM）模式，观察金属纳米颗粒的氧化刻蚀动态过程，获得了原子级的空间分辨率和图像对比度。

同时，近年来，科研工作者根据不同实验需求，使用微纳加工技术，设计出多种功能化且易于简单控制的原位微纳实验平台，如构造流道设计的流体池，添加热丝设计的加热液体池，添加电极设计的电化学液体池。2019 年，Shi 等[14]制备了一种微型流动式液体池来观察生物样品中的细胞大分子结构（图 7-3）。蜂鸟公司[15]研发出一种加热芯片，上片是厚度为 50nm 的氮化硅窗口，内部嵌入 Mo 薄膜加热片，下片是厚度为 25nm 的氮化硅窗口，组装到一起的加热器能够实现加热温度超过 200℃［图 7-3（b）］。2014 年，Unocic 等[16]制备了一种三电极液体池，包含玻碳工作电极、Pt 参比电极和对电极，首次证明了应用微流控电化学液体池在原位 TEM 电化学实验中可以实现定量电化学测量［图 7-3（c）］。Zheng 等设计了以 Au 为电极材料的电化学液体池［图 7-3（d）］[17-19]，观察到金锂化过程中的三种形态变化，溶解、爆炸反应和膨胀/收缩。2015 年，Xiong 等[20]对电化学液体池进行升级改造，使用 Ti 电极代替 Au 电极，Ti 的原子序数远低于 Au，这有利于图像分辨率的提升［图 7-3（e）］。除了三电极液体池，还可以在液体池中添加多个电极。2015 年，美国桑迪亚国家实验室的研究人员[21]设计了一种液体电池芯片［图 7-3（f）］，在选择性暴露的区域有多达 10 个超微电极，具有 pA 级电流控制，精确的电流控制使得能够测量小体积样品，而且芯片中的多个电极可以让实验者在相同的环境中以不同的实验参数进行多次实验。

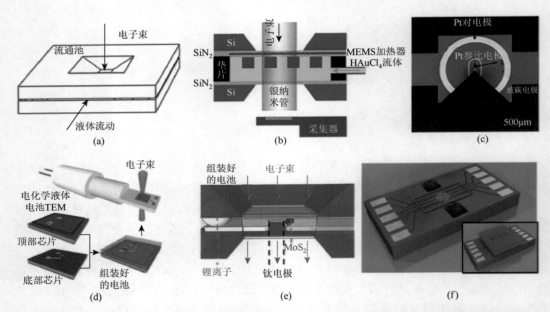

图 7-3　（a）流动式液体池结构示意图[14]；（b）加热液体池结构示意图[15]；（c）电化学液体池结构示意图[16]；（d）120nm 厚金电极电化学液体池[18]；（e）90nm 厚钛电极电化学液体池[20]；（f）多电极液体池[21]

## 7.3　原位透射电子显微镜在电化学中的应用

电催化剂在电化学催化过程中起着关键作用，随着原位 TEM 技术的发展，实时观察纳米尺度行为以探测各种电催化剂的形成过程成为可能，这对合理设计高活性和高稳定性的电催化剂、深入了解电催化剂的形成机理至关重要。

## 7.3.1　电化学储能

电化学储能，即通过电池来完成能量的储存、管理与释放，是一项对未来能源结构发展具有里程碑意义的技术。其中，锂离子电池（lithium ion batteries，LIBs）因较高的能量和功率密度、较轻的质量、较高的开路电压和较长的循环寿命等一系列优点，成为目前应用最广泛的便携式电子产品和电动汽车的储能设备。然而，LIBs 的发展仍然面临着各种材料和界面的挑战，使用原位 TEM 技术来深入理解电池运行过程中的微观电化学行为、结构演变和反应机理，明晰电池内部变化与性能之间的关系，对于进一步研发高能量密度、高功率密度、高安全性的 LIBs 至关重要。

LIBs 的原位 TEM 研究始于 Huang 等[22]的工作，如图 7-4（a）所示。他们原位观察了电化学充电时 $SnO_2$ 纳米线的锂化过程，发现在充电过程中，反应前端沿纳米线传播，这导致纳米线产生膨胀、拉长和螺旋现象，而锂化引起的体积膨胀和电极材料粉碎正是影响 LIBs 性能的重要原因。由于 TEM 要在高真空条件下工作，故早期多采用低饱和蒸气压的离子液体作为电解质，而后又继续发展了固体氧化锂电解质来为锂离子的传输提供通道[23]。但上述两种基于离子液体或固体氧化锂电解质的微电池在电池设计本质上并不同于真正的电池，其电解质与电极材料之间为点-点接触，与真实电池内部环境大相径庭。因此，Gu 等[24]开发了一种原位 TEM 电化学液体池，工作电极为单根硅纳米线，对电极为金属锂，电解液为普通 LIBs 电解液，以电子束透明的氮化硅薄膜（50nm）作为观察视窗，可在密闭环境中确保电解液与电极材料完全接触。他们使用这种液体电池研究了硅纳米线的锂化/脱锂化行为，如图 7-4（b）所示，结果表明，其锂化过程不同于开放池的单向进行，而是表现出各向同性并形成了均匀的核壳结构。同时，由于该电池结构能真实反映电极材料的实际充放电情况，对于后续探讨液体电池中电解液-电极相互作用，即固态电解质界面（SEI）膜的形成和生长动力学方面也具有巨大的潜力，但鉴于液体和氮化硅膜厚度的影响，成像效果有待提升。后续，Holtz 等[25]自主研发了一种电化学

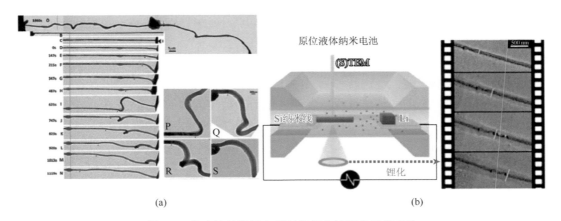

图 7-4　微电池结构及电极材料锂化过程的形貌变化

（a）开放式微电池结构，单根 $SnO_2$ 纳米线的锂化过程；（b）封闭式液体微电池，单根硅纳米线的锂化过程

液体流动电池和样品杆，并在电极设计上做了改善，使用玻碳代替原来的高原子序数材料作为工作电极衬底，显著增强了图像的分辨率和对比度。

作为 LIBs 的关键部件，原位观察电极材料及其脱嵌锂行为和动力学一直是人们研究的热点。LIBs 电极材料的 $Li^+$ 存储包括插层、合金化和转化三种反应机理。其中，插层型电极材料具有可变价的过渡金属元素和固有的一维、二维或三维通道以便于进行 $Li^+$ 运输[26]。相较于另外两种机理，插层反应一般电子转移少、容量低，但电极材料破坏性小，反应前后不发生显著结构变化，具有好的循环稳定性，在商业上占主导地位。$LiCoO_2$、$LiFePO_4$ 就是典型的插层型正极材料。Yang 等[27]使用原位 TEM 首次实现了对 $LiFePO_4$ 脱锂过程的直接观察，证明 $Li_xFePO_4$ 中间体在脱锂过程中的存在，并提出新的非均匀到均匀的两步固溶体转变路径。Yang 等[28]通过原位 TEM 直接观察了锂枝晶对 $LiCoO_2$ 的影响，发现 $LiCoO_2$ 一旦与锂发生接触就会引发迅速的化学反应，导致 $LiCoO_2$ 膨胀和粉化，形成钴酸锂中间体后再最终转化成氧化锂和金属钴，这为正极失效的原因提供了解释。常见的插层型负极材料中，碳基材料因资源丰富、可再生而备受关注。Dong 等[29]开发出具有优异功率和能量密度的高支化和均匀氮掺杂石墨结构，该结构中每个晶体层内均匀的氮掺杂将在平坦和弯曲部分产生更多的缺陷，可以获得高容量，同时，均匀的氮掺杂使得平坦部分和弯曲部分的间距增大，从而提供更好的速率性能，为创造新的有前途的 LIBs 负极材料提供了新的策略。

目前已有大量的原位 TEM 研究来探索 Si 电极的失效机理，主要有锂化过程中产生的非晶化[30]，界面过程导致的各向异性膨胀[31]、尺寸敏感性[32]、自限制锂化[33]等，这些结果对后续设计更优异的 Si 电极具有指导意义。转换机理是将 $Li^+$ 插入纳米二元化合物 MX（M 表示过渡金属 Fe、Co、Ni、Cu 等，X 表示 O、S、F 等）中发生转换反应，使 M 阳离子还原并形成 LiX 的过程[34]。Sun 等[33]使用原位 TEM 技术探究了多孔纳米 Cu 的微观电化学行为和转化机理。在锂化-脱锂化循环中，存在两种类型的不可逆过程。第一，脱锂反应不能使电极恢复到其原始结构（CuO），这是第一个循环中约 55%容量衰减的原因。第二，在最初的转化循环中，存在严重的纳米颗粒聚集，这导致低库仑效率。该工作揭示了金属氧化物的电化学转化行为及其对储锂性能的影响。

Poizot 等[34]使用原位 TEM 对 $Li-O_2$ 电池的放电反应进行实时监测，观察到在氧化还原介质参与的放电过程中，放电产物 $Li_2O_2$ 具有环形生长行为。对生长曲线的定量分析表明，介质存在下，$Li_2O_2$ 的生长机理包括两个步骤［图 7-5（a）］：早期沿垂直于[001]方向横向生长为盘状结构，随后形态转变为沿[001]方向的环形结构生长。此外，He 等[35]原位研究了 $Li-O_2$ 电池的充电和放电过程，发现了此前未被注意到的新问题：$Li_2O_2$ 可以同时在碳电极/电解质界面和电解质中成核，并阻碍电池反应进行。两种位置的 $Li_2O_2$ 在充电过程均可以分解：与碳电极相连的 $Li_2O_2$ 分解受限于电子传导，电解质中的 $Li_2O_2$ 分解会形成 $O^{2-}$，其在电解质中的扩散会限制总的充电动力学。这项工作解释了 $Li-O_2$ 电池系统中缓慢的 ORR 和 OER 动力学起源。这些深入的发现能够进一步指导先进电极材料/结构的设计和开发，以应用于具有改进动力学和循环性能的 $Li-O_2$ 电池。

对于 Li-S 电池系统，Su 等[36]研究了锂化过程中离子液体对多硫化锂形成和扩散的影响。发现多硫化物基体材料的表面性质会对硫化锂的生长机理产生重要影响，极性基

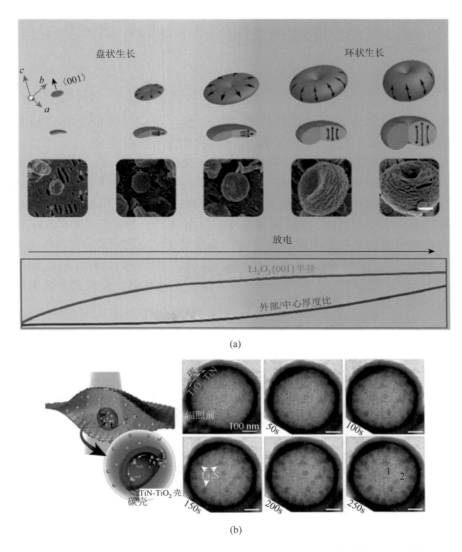

(a)

(b)

图 7-5 （a）Li$_2$O$_2$ 的两步生长机理；（b）C/TiN-TiO$_2$/S 的原位 TEM 观察

体可以诱导硫化锂瞬时成核，随后是扩散控制到反应限制的生长动力学和晶态到非晶态的相转变。研究证实多硫化物在极性基体中可以较好地固定，但在非极性基体中扩散明显并最终导致电池失效。基于以上结论，他们提出一种以中极性 TiN-TiO$_2$ 为内壁、非极性 C 为外壳的层结构，如图 7-5（b）所示。这种新的阴极结构设计可以有效抑制多硫化物扩散，在 6mL/g 的低硫浓度下，400 次循环后容量可以保持 4.3mA·h/cm$^2$，表现出非凡的性能。从适用于电池研究的原位池结构开发到不同电池体系的原位 TEM 研究，经过十余年的蓬勃发展，电化学储能的原位观测已经取得诸多优异成果，提高了人们对其内部科学机理的认识。在未来的发展探索中，如优化结构来设计匹配真实电池环境的液体池，对电化学储能过程进行更精准的定量研究，使用冷冻电子显微镜来研究金属锂负极和 SEI 膜等，将有

---

望进一步完善人们对电化学储能器件的动态工作过程信息，并开发性能优异的电极材料和电池体系。

## 7.3.2 电催化

Lim 等[37]原位观察了 Pt 纳米颗粒的动态生长过程，完成了原位液相 TEM 研究纳米晶体生长动力学的开创性工作。研究发现，Pt 纳米颗粒存在两种生长方式［图 7-6（a）］：一种是通过溶液中单体附着聚集而不断生长，粒子在此过程中一直显示出单晶特征；另外一种是大颗粒之间相互聚结形成多晶，并进一步融合成单晶粒子。两种类型的粒子在最终显示出相似的形状和尺寸。他们认为 Pt 纳米颗粒采取不同生长途径是基于其尺寸和形态依赖的内能大小。另外，理解纳米晶体的晶面发展演变对于控制纳米晶体形状并设计新型功能电催化材料也具有积极意义。Yang 等[38]报道了 Pt 纳米立方体生长过程的原位成像，如图 7-6（b）所示，发现生长初期{100}、{011}和{111}晶面以相似速率生长，后来{100}晶面上配体迁移率较低，导致该晶面生长受阻，而其余晶面继续生长形成了表面为{100}的纳米立方体。

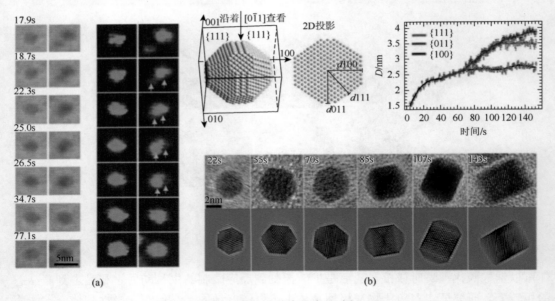

图 7-6　单组分纳米晶生长过程

（a）左侧为单体附着聚集生长，右侧为大颗粒相互聚结生长[37]；（b）沿{011}晶带轴观察铂纳米立方体生长过程的晶面变化[38]

Chen 等[39]原位观察了 PtNi 合金纳米颗粒生长轨迹，如图 7-7（a）所示，在早期阶段，Ni 纳米颗粒首先形成了 Ni 枝晶，然后在 Ni 枝晶中心区域通过消耗 Ni 而成核生长得到许多 PtNi 纳米颗粒。Ni 枝晶的面积随时间而变化，如图 7-7（b）所示，枝晶生长迅速，面积在 40s 内增加到约 9710nm²。在图 7-7（c）和（d）中，PtNi 纳米颗粒的数量和粒径随时间的变化分别用黑色和蓝色的线表示，多数纳米颗粒通过原子附着形成球体，一些纳米颗粒与一个或多个相邻粒子结合后，形状发生变化，而 PtNi 纳米颗粒最终均为球形。结果表明，PtNi 合金纳米颗粒粒径分布窄，平均直径为 3.7nm，比传统溶液生长法制备的 PtNi 合金纳米颗粒粒径小。这种独特的生长途径为合成新型纳米颗粒催化剂提供了思路。

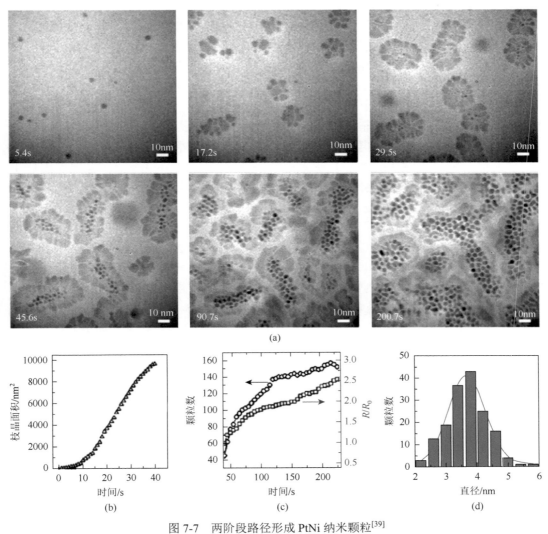

图 7-7　两阶段路径形成 PtNi 纳米颗粒[39]

（a）在生长过程中连续捕捉的图像；（b）枝晶面积随时间的变化；（c）颗粒数（黑点）和颗粒尺寸演化（蓝方框）随时间变化的曲线；（d）纳米颗粒的粒径分布

　　监测和揭示电催化剂服役状态下的微观结构演变、化学信息、电子信息，获得催化剂结构-性能相关性，探究电催化剂的催化机理是原位 TEM 技术的一个重要应用方向。

　　Wang 等[40]研究了 $Cu_2O$ 立方体的电化学原位合成及其在电催化二氧化碳还原反应（$CO_2RR$）中的形态演化。其中，$Cu_2O$ 立方体的选择性形状合成是通过在 $CuSO_4$ 电解液中添加 $Cl^-$，以及在一个特殊狭窄窗口内交替循环电位来实现的，该窗口区间可以保证已

沉积的 $Cu_2O$ 非立方体颗粒溶解但立方体颗粒不溶解，而 $Cl^-$ 可以促进 $Cu_2O$ 立方体成核并增强其稳定性。进一步的 $CO_2RR$ 实验表明，在 $CO_2$ 饱和的 0.1mol/L $KHCO_3$ 电解质溶液中，施加-0.7V(*vs*. Pt)电位时，$Cu_2O$ 立方体会在电极表面移动并伴随尺寸减小，继而在工作电极上形成新的树枝状结构。该工作表明可以在 TEM 流动液体池的工作电极上直接合成形状可控的催化剂颗粒，并跟踪它们在反应条件下的后续动力学。这项研究揭示了使用原位电化学液体池 TEM 对影响催化相关材料电化学合成的参数进行机理研究的优势，以及在电催化过程中原位监测电催化剂性能的可能性。

$Co_3O_4$ 是一种用于碱性介质中催化析氧反应（OER）的低成本高效率电催化剂，Dai 等[41]原位跟踪了纳米 $Co_3O_4$ 在催化水氧化过程中的变化。实验首先优化了观察条件，选择 STEM 模式，最大限度减少电子束对电化学行为的影响，以模拟常规电解池中的标准电化学实验，并允许在原位和非原位情况下进行条件类似的循环伏安和计时电位实验。反应过程中观察到无论使用哪种电解质（碱性 KOH 或中性磷酸盐缓冲液），纳米 $Co_3O_4$ 均逐渐非晶化，并在几分钟后达到稳定状态。同时，这种非晶相 $Co_3O_4$ 被认为是电催化 OER 的活性物种。但有趣的是，他们观察到纳米 $Co_3O_4$ 非晶化转变并不可逆，这与以前的报道结果相反。此外，除了在电化学测量过程中原位观察到的结构变化，该工作还使用经典电化学方式进行了非原位探索，其结果与原位研究一致，这说明可以有效依靠原位电化学 TEM 来揭示电催化剂的催化过程，并与经典电化学方法保持较好相关性。

Beermann 等[42]使用原位电化学液体池，在 STEM 模式下研究了碳载 Pt-Ni 合金颗粒在循环和启动/关闭电位处理时的降解路径。通过观察纳米催化剂结构的变化，发现碳载体运动、颗粒运动和颗粒聚结是电位循环中的主要微观结构响应，并保持在碳腐蚀发生的区域。高电位保持和电位突变期间，催化剂的变化比循环电位扫描期间更为严重，但两者都发生了碳腐蚀。此外，颗粒在碳载体上的附着程度不同，说明颗粒与碳载体之间存在一定的相互作用强度分布，故需对形状颗粒的相互作用强度进行优化。这项研究为燃料电池运行过程中纳米催化剂的基本结构动力学提供了新的理解，并强调了需要更好的催化剂载体来锚定形态，以使高活性的特殊形状催化剂在燃料电池应用中充分发挥作用。

本章总结了原位 TEM 技术近年来在电化学领域的科学探究，包括电化学储能中的微观电化学行为，催化剂的结构和化学状态演变及催化机理，电催化过程等，这些都有助于提高人们对反应的深入理解，并为下一代电化学储能和电催化的改进模拟、预测建模和工艺设计奠定基础。

目前，原位 TEM 技术基于原子尺度空间分辨率、动态过程观测、可在纳米甚至原子尺度上收集电极材料的结构和化学信息等特点，无疑在电化学反应过程监测中具有显著优势，但在进一步的发展研究中仍面临一些挑战。首先是技术本身存在的可提升空间：①在保证液体池机械强度的基础上，减小窗口薄膜的厚度，以获取更高的空间分辨率；②为捕捉反应中间极短时间内的化学演变，需要进一步完善快速成像功能；③构建光、热、电等多物理场耦合液体池，探究耦合作用对电化学反应的影响；④合理设计电化学液体池，形成原位合成、原位观察、原位检测一体化流程；⑤减小和控制电子束辐照对反应的影响等。除此之外，尽管人们已经不断在优化液体池结构设计以靠近传统电化学体系，包括引入参比电极或考虑工作电极的电场分布的均匀性等，但二者仍存在一定差异。在原位液体池中由于纳米狭缝限域，其中液体流动及溶质扩散会受到极大影响，导致过度极化、电位漂移、电化学曲线变形等问题。目前在液体池内进行电化学曲线测量及精确匹配微区实际施加电位相对困难，因此进一步的技术完善对于实现纳米尺度定量电化学是十分必要的。同时，现有结构设计对于 $CO_2RR$、OER 等电催化反应过程中间体或产物检测存在困难，也许可以对液体池和样品杆进行合适的结构设计，辅以光谱等谱学技术联用，进而实现更为准确的原位监控和机理探索，对完善催化剂构效关系、设计先进反应路径具有较好的指导意义。

　　在 TEM 中构建微型纳米实验室，进行电化学反应原位可视化研究，可以获取过程中材料的微观形貌和结构信息，并助力理解反应动态本质。未来，在微纳制造、电子显微学、电化学的强力发展融合下，原位 TEM 技术将发挥越来越重要的作用，为电化学领域的新发现提供基础。

## 参　考　文　献

[1]　Ross F M. Opportunities and challenges in liquid cell electron microscopy[J]. Science, 2015, 350(6267): aaa9886.

[2]　Ianiro A, Wu H, van Rijt M M J, et al. Liquid-liquid phase separation during amphiphilic self-assembly[J]. Nature Chemistry, 2019, 11(4): 320-328.

[3]　Discher B M. Polymersomes: tough vesicles made from diblock copolymers[J]. Science, 1999, 284(5417): 1143-1146.

[4]　Patterson J P, Robin M P, Chassenieux C, et al. The analysis of solution self-assembled polymeric nanomaterials[J]. Chemical Society Reviews, 2014, 43(8): 2412-2425.

[5]　van der Wal L I, Turner S J, Zečević J. Developments and advances in *in situ* transmission electron microscopy for catalysis research[J]. Catalysis Science & Technology, 2021, 11(11): 3634-3658.

[6]　Schneider N M, Park J H, Kodambaka S, et al. Estimation of nanoscale current density distributions during electrodeposition[J]. Microscopy and Microanalysis, 2015, 21(1): 2435-2436.

[7]　孙悦, 赵体清, 廖洪钢. 原位透射电镜在电化学领域中的应用[J]. 中国科学: 化学, 2021, 51(11): 1489-1500.

[8]　Huang J Y, Zhong L, Wang C M, et al. *In situ* observation of the electrochemical lithiation of a single $SnO_2$ nanowire electrode[J]. Science, 2010, 330(6010): 1515-1520.

[9]　Hansen T W, Wagner J B, Dunin-Borkowski R E. Aberration corrected and monochromated environmental transmission electron microscopy: challenges and prospects for materials science[J]. Materials Science and Technology, 2010, 26(11): 1338-1344.

[10]　Ring E A, Peckys D B, Dukes M J, et al. Silicon nitride windows for electron microscopy of whole cells[J]. Journal of Microscopy, 2011, 243(3): 273-283.

[11]　Chen X, Wen J G. *In situ* wet-cell TEM observation of gold nanoparticle motion in an aqueous solution[J]. Nanoscale Research Letters, 2012, 7(1): 598.

[12]　Liao H G, Zherebetskyy D, Xin H L, et al. Facet development during platinum nanocube growth[J]. Science, 2014, 345(1): 916-919.

[13]　Jiang Y Y, Zhu G M, Lin F, et al. *In situ* study of oxidative etching of palladium nanocrystals by liquid cell electron microscopy[J]. Nano Letters, 2014, 14(7): 3761-3765.

[14]　Shi F L, Li F, Ma Y L, et al. *In situ* transmission electron microscopy study of nanocrystal formation for electrocatalysis[J]. ChemNanoMat, 2019, 5(12): 1439-1455.

[15]　Bin Imran A, Esaki K, Gotoh H, et al. Extremely stretchable thermosensitive hydrogels by introducing slide-ring polyrotaxane cross-linkers and ionic groups into the polymer network[J]. Nature Communications, 2014, 5(13): 5124-5131.

[16] Unocic R R, Sacci R L, Brown G M, et al. Quantitative electrochemical measurements using *in situ* ec-S/TEM devices[J]. Microscopy and Microanalysis, 2014, 20(2): 452-461.

[17] Sun M, Liao H G, Niu K, et al. Structural and morphological evolution of lead dendrites during electrochemical migration[J]. Scientific Reports, 2013, 3(13): 3227-3251.

[18] Zeng Z, Liang W I, Liao H G, et al. International union of pharmacology. LXXXIX. Update on the extended family of chemokine receptors and introducing a new nomenclature for atypical chemokine receptors[J]. Nano Letter, 2014, 14(1): 1745-1750.

[19] Zeng Z, Liang W I, Chu Y H, et al. *In situ* TEM study of the Li-Au reaction in an electrochemical[J]. Faraday Discuss, 2014, 176(1): 95-107.

[20] Xiong F, Wang H T, Liu X G, et al. Li intercalation in $MoS_2$: *in situ* observation of its dynamics and tuning optical and electrical properties[J]. Nano Letter, 2015, 15(10): 6777-6784.

[21] Leenheer A J, Sullivan J P, Shaw M J, et al. A sealed liquid cell for *in situ* transmission electron microscopy of controlled electrochemical processes[J]. Journal of Microelectromechanical Systems, 2015, 24(4): 1061-1068.

[22] Huang J Y, Zhong L, Wang C M, et al. *In situ* observation of the electrochemical lithiation of a single $SnO_2$ nanowire electrode[J]. Science, 2010, 330: 1515-1520.

[23] Liu X H, Huang J Y. *In situ* TEM electrochemistry of anode materials in lithium ion batteries[J]. Energy and Environmental Science, 2011, 4(10): 3844-3860.

[24] Gu M, Parent L R, Mehdi B L, et al. Demonstration of an electrochemical liquid cell for operando transmission electron microscopy observation of the lithiation/delithiation behavior of Si nanowire battery anodes[J]. Nano Letter, 2013, 13(12): 6106-6112.

[25] Holtz M E, Yu Y, Gunceler D, et al. Nanoscale imaging of lithium ion distribution during *in situ* operation of battery electrode and electrolyte[J]. Nano Letter, 2014, 14(3): 1453-1459.

[26] Tarascon J M, Armand M. Issues and challenges facing rechargeable lithium batteries[J]. Nature, 2001, 414(6861): 359-367.

[27] Yang L T, You W B, Zhao X B, et al. Dynamic visualization of the phase transformation path in $LiFePO_4$ during delithiation[J]. Nanoscale, 2019, 11(38): 17557-17562.

[28] Yang Z, Ong P V, He Y, et al. Direct visualization of Li dendrite effect on $LiCoO_2$ cathode by *in situ* TEM[J]. Small, 2018, 14(52): e1803108.

[29] Dong Y Q, Shao J W, Chen C Q, et al. Blue luminescent graphene quantum dots and graphene oxide prepared by tuning the carbonization degree of citric acid[J]. Advanced Materials, 2012, 50(12): 4738-4743.

[30] Luo L L, Wu J S, Luo J Y, et al. Dynamics of electrochemical lithiation/delithiation of graphene-encapsulated silicon nanoparticles studied by *in-situ* TEM[J]. Scientific Reports, 2014, 4: 3863.

[31] Lee S W, McDowell M T, Choi J W, et al. Anomalous shape changes of silicon nanopillars by electrochemical lithiation[J]. Nano Letter, 2011, 11(7): 3034-3039.

[32] Liu X H, Zhong L, Huang S, et al. Size-dependent fracture of silicon nanoparticles during lithiation[J]. ACS Nano, 2012, 6(2): 1522-1531.

[33] Sun M, Wei J, Xu Z, et al. Electrochemical solid-state amorphization in the immiscible Cu-Li system[J]. Science Bulletin, 2018, 63: 1208-1214.

[34] Poizot P, Laruelle S, Grugeon S, et al. Nano-sized transition-metal oxides as negative-electrode materials for lithium-ion batteries[J]. Nature, 2000, 407(6803): 496-499.

[35] He K, Zhang S, Li J, et al. Visualizing non-equilibrium lithiation of spinel oxide via *in situ* transmission electron microscopy[J]. Nature Communications, 2016, 7(1): 11441-11462.

[36] Su Q M, Yao L B, Zhang J, et al. *In situ* transmission electron microscopy observation of the lithiation-delithiation conversion behavior of CuO/graphene anode[J]. ACS Applied Materials & Interfaces, 2015, 7(41): 23062-23068.

[37] Lim B, Jiang M, Camargo P H C, et al. Pd-Pt bimetallic nanodendrites with high activity for oxygen reduction[J]. Science, 2009, 324(5932): 1302-1305.

[38]　Yang J, Andrei C M, Chan Y T, et al. Liquid cell transmission electron microscopy sheds light on the mechanism of palladium electrodeposition[J]. Langmuir, 2019, 35(4): 862-869.

[39]　Chen X, Liang M M, Xu J, et al. Unveiling the size effect of Pt-on-Au nanostructures on CO and methanol electrooxidation by *in situ* electrochemical SERS[J]. Nanoscale, 2020, 12(9): 5341-5346.

[40]　Wang Y, Liu E, Liu H, et al. Gate-tunable negative longitudinal magnetoresistance in the predicted type-II Weyl semimetal WTe₂[J]. Nature Communications, 2016, 7(1): 13142.

[41]　Dai W, Lv L, Lu J, et al. A paper-like inorganic thermal interface material composed of hierarchically structured graphene/silicon carbide nanorods[J]. ACS Nano, 2019, 13(2): 1547-1554.

[42]　Beermann V, Holtz M E, Padgett E, et al. Real-time imaging of activation and degradation of carbon supported octahedral Pt-Ni alloy fuel cell catalysts at the nanoscale using *in situ* electrochemical liquid cell STEM[J]. Energy & Environmental Science, 2019, 12(8): 2476-2485.